KB064682

비커 군과 실험실 친구들

일러두기
- 각주는 모두 옮긴이 주입니다.
- 이 책은 콘텐츠 특성상 원서와 동일하게, 페이지의 오른쪽을 묶는 제본방식으로 제작되었습니다.

비커 군과 실험실 친구들

실험기구들의 신나는 요절복통 과학수업

우에타니 부부 지음 | 오승민 옮김

더숲

머리말

저는 어릴 때 그림 그리기와 야구 그리고 과학을 무척 좋아하는 소년이었습니다. 언제부턴가 열심히 공부하면서 이과 대학에 진학했고, 기업 연구소에 취직하면서 연구원으로 살게 되었습니다.

그러던 어느 날 핸드메이드 행사에 갈 기회가 있었는데요. 거기서 많은 사람이 손수 만든 작품을 발표하는 모습을 보게 되었습니다. 그 광경을 보고 저는 그림 그리기를 너무나 좋아하던 어린 시절을 떠올렸고, '나도 뭔가 해보고 싶다!'라는 생각으로 집에 돌아와 연필을 손에 쥔 채 생각에 빠졌습니다.

'내가 좋아하는 과학이나 화학으로 뭔가 재밌는 걸 그려보고 싶다. 실험기구를 캐릭터로 하면 어떨까? 그렇다면 주인공은 아무래도….'

이렇게 하여 태어난 친구가 바로 이 책의 제목에도 나와 있는 '비커 군'입니다. 점차 종류가 늘면서 마침내 130개가 넘는 실험기구 캐릭터가 탄생했습니다.

이 실험기구들 말인데요. 사실 그 모양과 이름, 재질 등에 모두 의미가 담겨 있답니다. 예를 들어 코니컬 비커가 원뿔 모양인 이유는 액체가 밖으로 튀지 않도록 하기 위해서이고, 그레이엄 냉각기의 나선형은 냉각 효율을 높이기 위해서이며, 고마고메 피펫은 도쿄 고마고메(駒込) 병원에서 고안되었다는 것 등등 예를 들자면 끝이 없을 정도입니다.

이외에도 애호가들이라면 알 만한 내용을 많이 포함했기 때문에 평소 실험을 많이 하는 이공계 분야의 사람들이 '맞아, 맞아!' 또는 '이건 몰랐네' 하면서 읽어주시면 좋겠습니다. 초등학생이나 중학생 여러분에게는 이 책이 참고서가 되기 힘들겠지만, 실험기구를 재미있게 익히는 데는 도움이 될 수 있을 겁니다. 과학 수업 시간이 평소보다 훨씬 즐거워질 수도 있고요.

　실험기구는 이 책에 나온 것 외에도 훨씬 종류가 많습니다. 여러분이 앞으로 여러 기구들과 더 많이 만날 수 있으면 좋겠습니다. 『비커 군과 실험실 친구들』은 앞으로도 종류가 더 늘어날 예정입니다.

　칼럼을 써주신 야마무라 선생님, 디자이너 사토 씨, 그리고 이 책을 집필할 계기를 만들어주신 과학계 편집자 스기우라 씨 덕분에 세계 어느 나라에도 소개할 수 있는 『비커 군과 실험실 친구들』이라는 즐거운 실험기구 책이 탄생했습니다. 실험실에 있는 것처럼 또는 과학실을 떠올리며 읽어나가시길 바랍니다.

우에타니 부부

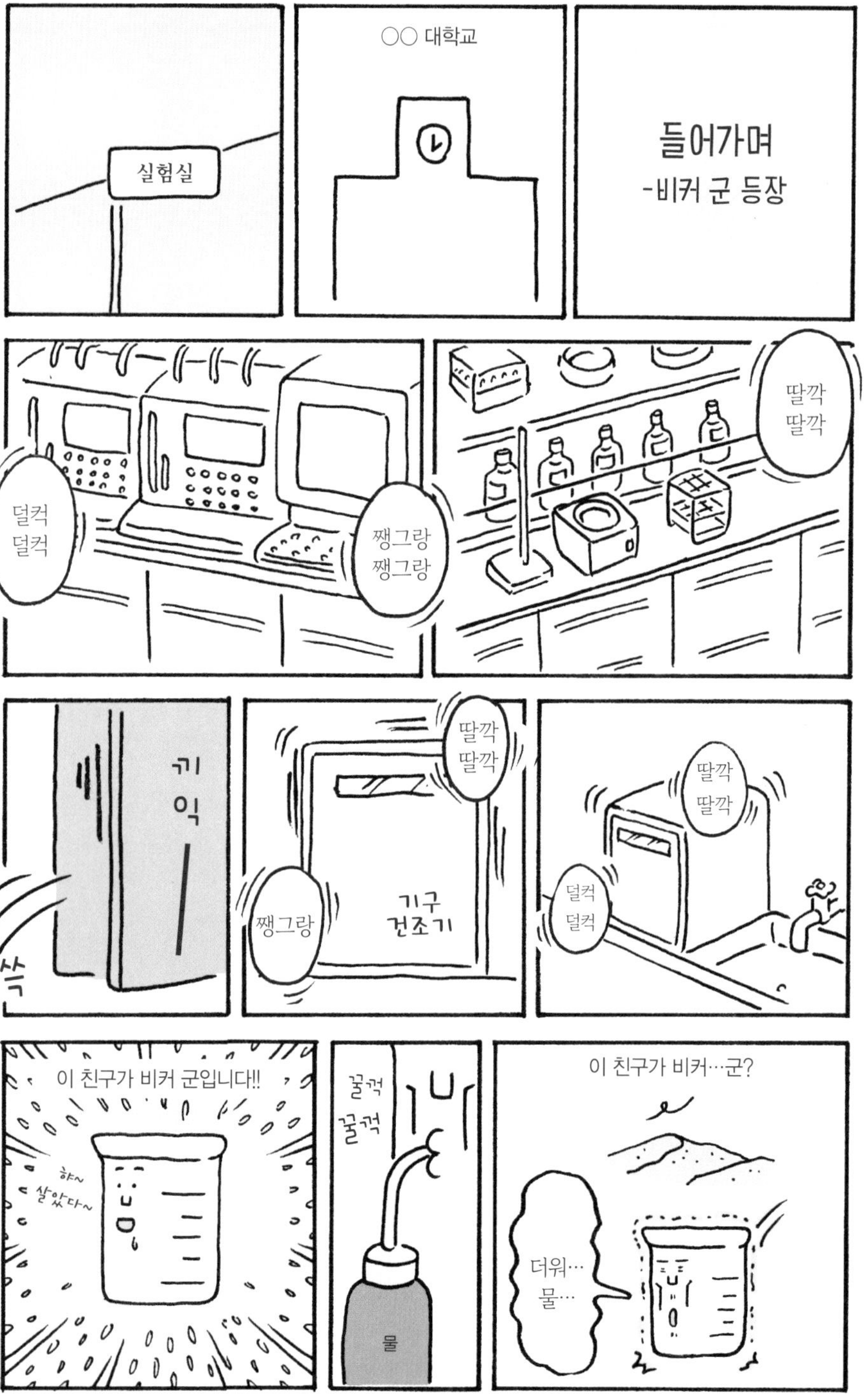

실험실
○○ 대학교
들어가며
-비커 군 등장
덜컥 덜컥
쨍그랑 쨍그랑
딸깍 딸깍
끼익
쓱
딸깍 딸깍
쨍그랑
기구 건조기
딸깍 딸깍
덜컥 덜컥
이 친구가 비커 군입니다!!
하~ 살았다~
꿀꺽 꿀꺽
물
이 친구가 비커…군?
더워… 물…

가열할 수 있습니다.

반응시키고

비커는 액체를 담고

....

'비커(beaker)'란 이름은 새의 부리란 뜻의 'peak'에서 유래했어요.
부리와는 모양이 좀 다르지만요.

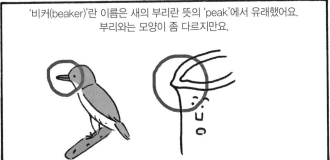

이 책에서는 비커 군을 비롯한 여러 실험기구를 소개합니다.
실험기구 친구들의 세상으로 함께 가볼까요?

비커 군의 메모

▶비커라는 이름은
'peak(새의 부리)'에
서 유래했어.

비커 군을 비롯하여 가열할 때 사용하는 실험기구들은 대부분 미국 코닝 사가 개발한 파이렉스(pyrex) 같은 붕규산 유리로 만듭니다. 이는 경질 유리의 일종으로, 일반 유리보다 강하고 열팽창이 적습니다. 유리는 열을 가하면 팽창하는데, 열이 잘 전달되지 않아 가열한 부분만 팽창하면서 주변과 왜곡이 생겨 깨지게 됩니다. 만약 열팽창이 적다면 왜곡도 적겠지요. 그래서 경질 유리는 가열해도 잘 깨지지 않습니다.

차례

CHAPTER 1
비커 군과 그 친척들

CHAPTER 2
액체를 담는 친구들

CHAPTER 7
전기와 자기력 친구들

CHAPTER 8
실험실의 지원군들

이 책을 읽는 방법

이 책에 등장하는 캐릭터들은 우리에게 친숙한 실험기구들입니다. 먼저 실험실의 안주인인 실험기구 친구들이 실제 현장에서 어떻게 사용되는지를 만화로 설명하고, 캐릭터 그림으로 친구들을 하나씩 소개합니다.

어쩌면 책에 등장하는 실험기구 친구들의 성격과 말투가 여러분이 사용하는 '비커 군'이나 '삼각 플라스크 군'과는 조금 다를지도 모릅니다. 이 책을 통해 성격이 다양한 실험기구 친구들의 모습을 즐겨보길 바랍니다.

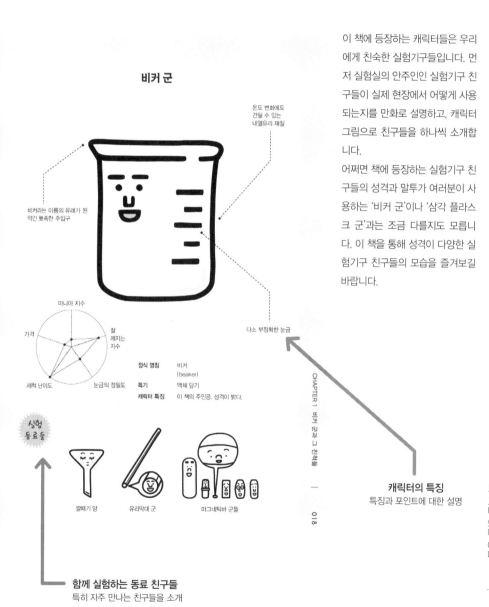

비커 군

온도 변화에도 견딜 수 있는 내열유리 재질

비커라는 이름의 유래가 된 약간 뾰족한 주입구

다소 부정확한 눈금

마니아 지수
잘 깨지는 지수
가격
눈금의 정밀도
세척 난이도

정식 명칭   비커 (beaker)
특기   액체 담기
캐릭터 특징   이 책의 주인공. 성격이 밝다.

캐릭터의 특징
특징과 포인트에 대한 설명

실험 동료들

깔때기 양
유리막대 군
마그네틱바 군들

함께 실험하는 동료 친구들
특히 자주 만나는 친구들을 소개

캐릭터의 이름

코니컬 비커 군

윤곽의 각도가 절묘해
액체가 튀어도 새지 않는다.

정식 명칭	코니컬 비커 (conical beaker)
특기	측정 시 액체 깨끗하게 받기
캐릭터 특징	의외로 진중하며, 코믹하지 않다.

밑바닥이 넓어
잘 쓰러지지 않는다.

캐릭터의 정식 명칭
한국어와 영어의 정식 명칭

톨 비커 군

이름처럼 키가 크다.

정식 명칭	톨 비커 (tall beaker)
특기	액체를 가열하면서 혼합하기
캐릭터 특징	모 프로레슬러와 닮은 턱선

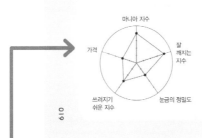

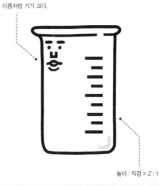

높이 : 직경 = 2 : 1

이 책에서 분석한 레이더 차트
여러 항목을 5단계로 평가

연금술 덕분에
발달한 실험기구

　세상에는 많은 과학실험이 있습니다. 과학실험이란 이 세상에서 일어나는 현상들을 인위적으로 시도하여 조사하는 것입니다.

　실험실은 여러 분야의 실험을 하는 곳이므로 비치된 기구의 종류도 다양합니다. 그중에서도 화학실험에 사용하는 유리 기구는 종류와 수가 어마어마해요. 화학실험의 갈래가 다양하기 때문이지요.

　예를 들면 물질과 물질을 반응시켜 변화를 관찰하거나(화학변화), 여러 종류의 물질이 혼합 또는 용해된 것에서 특정 물질을 빼내거나(추출), 혼합 물질의 성분을 조사하거나(분석), 물질들을 조합해 새로운 물질을 만드는 것(합성) 등입니다. 화학실험은 이러한 과정들이 여러 가지로 조합된 것이지요.

　화학실험이 언제부터 시작되었는지는 분명하지 않습니다. 인류는 문명을 구축하고 자연의 물질을 변화시켜 토기와 청동기 등의 도구를 만들었는데, 이 과정에서 물질끼리 일으키는 반응을 이용해 뭔가를 조사하는 화학실험적 작업이 시작되었을 거라고 추측할 뿐입니다.

　한편 고대 이집트에서는 연금술이 성행했습니다. 불로불사의 약을 탐구하고 일반 금속을 금으로 바꾸는 방법을 연구하는 과정에서 다양한 물질들이 발견되었고, 황산과 질산, 염산 등의 화학약품이 잇달아 개발되었습니다. 동시에 실험기구도 개발되었지요. 현재 다양하게 발달한 실험기구들의 탄생 배경에는 연금술이 있었습니다.

CHAPTER

안녕,
내 이름은 비커야.

비커 군과 그 친척들

먼저 이 친구부터

데헷

톨 비커 군

여러 가지 비커를 소개할게요.

끄덕 끄덕

각양각색 비커들

물중탕에서 가열하는 실험에 적격이죠.

온수

앗, 뜨거워

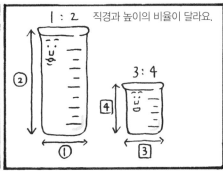

직경과 높이의 비율이 달라요.

1 : 2

3 : 4

이번엔 이 친구

코니컬은 원뿔이란 뜻이야.

코니컬 비커 군

윗부분은 뜨겁지 않아 직접 잡을 수 있어요.

첨벙

손으로 흔들어 섞어도

넘치지 않아.

빙글빙글

괜, 괜찮아

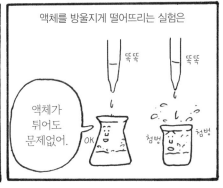

액체를 방울지게 떨어뜨리는 실험은

뚝뚝

뚝뚝

액체가 튀어도 문제없어.

OK

첨벙

첨벙

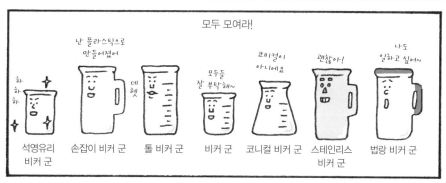

비커 군의 메모

▶ 액체의 성질과 실험 조건에 따라 구분하여 사용할 것!

2ℓ나 5ℓ처럼 용량이 큰 비커는 크기에 비해 유리가 얇아서 강도가 약해요. 100㎖ 비커처럼 다루면 바로 금이 가버립니다. 특히 액체가 든 상태에서 책상 위에 올려놓는 순간 빠지직하는 불길한 소리가 들리면 간담이 서늘해지기도 하죠. 조금이라도 금이 가면 강도가 확 낮아지므로 가열하면 바로 깨집니다. 큰 비커는 부피도 커서 한 개만 버려도 쓰레기통이 꽉 차버린답니다.

비커 군

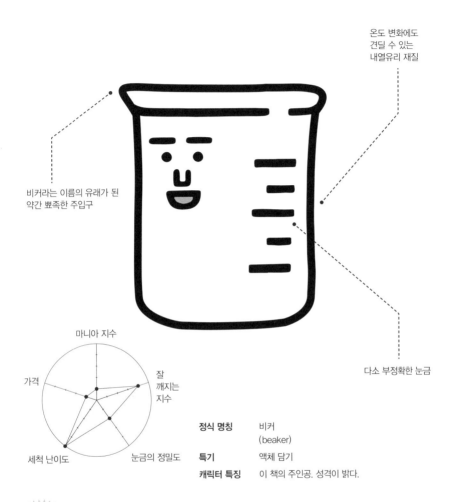

온도 변화에도
견딜 수 있는
내열유리 재질

비커라는 이름의 유래가 된
약간 뾰족한 주입구

다소 부정확한 눈금

마니아 지수

가격 · 잘 깨지는 지수

세척 난이도 · 눈금의 정밀도

정식 명칭	비커 (beaker)
특기	액체 담기
캐릭터 특징	이 책의 주인공. 성격이 밝다.

실험 동료들

깔때기 양

유리막대 군

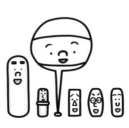

마그네틱바 군들

코니컬 비커 군

정식 명칭   코니컬 비커
(conical beaker)

특기   측정 시 액체 깨끗하게 받기

캐릭터 특징   의외로 진중하며, 코믹하지 않다.

윤곽의 각도가 절묘해
액체가 튀어도 새지 않는다.

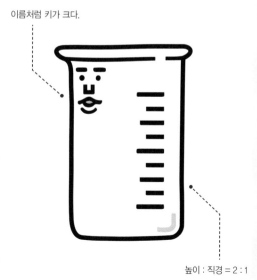

밑바닥이 넓어
잘 쓰러지지 않는다.

마니아 지수

잘
깨지는
지수

가격

눈금의 정밀도

'코미컬' 비커로
오해받는 지수

톨 비커 군

정식 명칭   톨 비커
(tall beaker)

특기   액체를 가열하면서 혼합하기

캐릭터 특징   모 프로레슬러와 닮은 턱선

이름처럼 키가 크다.

마니아 지수

잘
깨지는
지수

가격

눈금의 정밀도

쓰러지기
쉬운 지수

높이 : 직경 = 2 : 1

* 산 또는 염기의 표준용액을 사용해 농도를 알 수 없는 염기나 산을 적정하여 정량분석하는 방법

비커 군의 메모

▶중화적정을 할 때는
코니컬 비커 군!

분별깔때기와 뷰렛에는 마개가 있는데, 세척할 때 마개가 빠져 사라지는 경우가 있어요. 몸통과 마개가 맞닿는 부분은 각각 맞춤형으로 제작돼서 마개만 따로 구하면 잘 맞지 않는답니다. 접촉면에 바셀린을 듬뿍 발라 해결하기도 하지만 대부분은 액체가 새어 못 쓰게 돼요. 작은 마개 하나 때문에 크고 비싼 뷰렛이 쓸모없어지게 되죠.

손잡이 비커 군

정식 명칭   손잡이 비커
(beaker with handle)

특기   뜨거운 액체를 실험기기에 붓기

캐릭터 특징   마음이 넓고 대범하다.

온화한 표정

듬직한 손잡이

스테인리스 비커 군과 뚜껑 군

정식 명칭   스테인리스 비커
(stainless steel beaker)

특기   부식성 높은 액체 담기

캐릭터 특징   빛나는 몸통이 매력 포인트

로봇처럼 생긴 얼굴

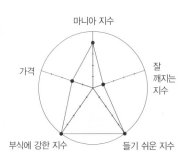

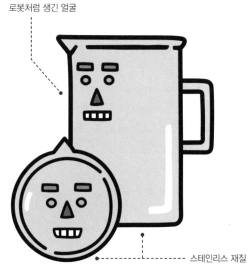

스테인리스 재질

법랑 비커 군

정식 명칭   법랑 비커
               (enamel beaker)

특기   부식성 높은 액체 담기

캐릭터 특징   매사에 쉽게 감동하며 '호~'란
               감탄사를 날린다.

감동한 입

빛나는 피부

석영유리 비커 군

정식 명칭   석영유리 비커
               (quartz glass beaker)

특기   농도 짙은 산성 액체 담기

캐릭터 특징   자기 혼자 비커 군을 라이벌로
               여긴다.

SiO_2로 순도 높은 석영유리 재질

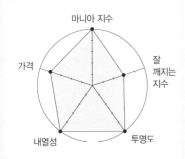

투명도가
매우 높다

비커 군들이 오늘은 뭘 하고 있을까요?

북적북적

시끌
벅적

어느 대학의

연구실

시끌
벅적

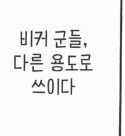

비커 군들,
다른 용도로
쓰이다

아, 연구실 회식 날이군요.

시끌벅적

시끌벅적

북적
북적

한 번 실험에 쓰이면
절대 부르지 않는대.

오자마자 하는 일이
컵 대용이라니…

잠시만
이렇게 쓰인대.

비커 군의 메모

▶ 실험에 사용한 기구는 약품이 묻어 있을지 모르니 식기로 쓰지 말 것!

약품을 한 번이라도 담은 실험기구를 생활용품으로 사용하기는 힘들어요. 비커를 비롯한 유리 실험기구들은 예뻐서 생활용품으로 쓰고 싶어지곤 합니다. 실험기구를 구입해 인테리어 소품으로 장식하는 사람도 많을 겁니다. 하지만 이 비커 친구들은 깨지면 일반 유리와 달리 매우 날카롭게 산산조각 나요. 예전에 한 번 비커를 깨뜨렸다가 카펫을 꼼꼼하게 청소한 적이 있는데 다시는 겪고 싶지 않은 경험이었습니다.

비커 군의 '왕'조상님들

비커는 언제 탄생했을까요? 정답을 말하기는 어렵답니다. 여러 자료에 따르면 유리는 기원전 2250년경 메소포타미아에서 만들어졌고, 유리 용기는 기원전 16세기부터 제조되었습니다. 이 시대에 실험기구로 유리 용기를 사용했는지는 확실하지 않습니다.

역사를 더 거슬러 올라가면 기원전 26세기부터 기원전 19세기경까지(4600~3900년 전) 유럽 각지에서 종 모양 토기 문화(Bell beaker culture)가, 더 이전(약 7000~5000년 전)에는 푼넬비커 문화(Funnelbeaker culture)가 발달했다고 합니다.

여기서 '비커'란 점토를 초벌구이한 토기로, 화학실험에 사용하는 비커가 아닙니다. 액체를 담거나 마시는 생활도구 중 하나로 사용했던 것이지요. 비커라는 이름은 훗날 역사학자들이 붙였습니다. 비커 군의 '왕'조상님에 해당하는 셈인데, 토기라서 느낌은 조금 다릅니다.

종 모양 토기는 과거 그 지역 사람들이 꿀로 만든 술을 마셨음을 의미합니다. 비커 군의 친구인 플라스크의 어원은 라틴어로 플라스카(flasca)인데 이는 술병을 의미한다고 하니, 비커와 플라스크 모두 원래는 술과 관련된 도구였던 셈이죠.

"그랬군, 옳거니. 그럼 본래 용도로…" 이러면서 비커와 플라스크로 술판을 벌일 때는 꼭 약품을 담은 적 없는 새 친구들을 사용하세요.

CHAPTER

액체야, 이리 와!

액체를 담는 친구들

비커 못지않게 플라스크도 종류가 많습니다.

여러 플라스크 친구들을 소개할게요.

각종 플라스크

플라스크들

비커들

독일의 과학자 에를렌마이어가 발명했습니다.

옳거니!!

에밀 에를렌마이어
(Emil Erlenmeyer, 1825~1909)

그럼 먼저 삼각 플라스크부터 소개할게요.

인사드릴게요

플라스크는 병을 뜻하는 라틴어 '플라스카(flasca)'가 어원입니다.

아니, 몰랐어~

알고 있었어?

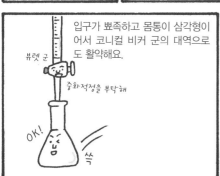

입구가 뾰족하고 몸통이 삼각형이어서 코니컬 비커 군의 대역으로도 활약해요.

뷰렛 군

중화적정을 부탁해

OK!

쓱

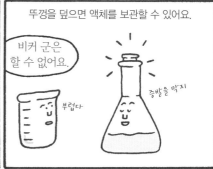

뚜껑을 덮으면 액체를 보관할 수 있어요.

비커 군은 할 수 없어요.

부럽다

증발을 막지

단, 플라스크 받침이 있어야 설 수 있어요.

늘 고마워

별 말씀을

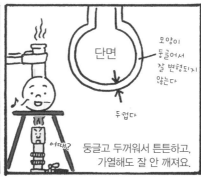

단면

모양이 둥글어서 잘 변형되지 않는다

두껍다

어때?

둥글고 두꺼워서 튼튼하고, 가열해도 잘 안 깨져요.

이번엔 둥근바닥 플라스크 꼬마

짜잔

안녕하세요~

둘 다 회전식 증발기로 수분을 제거할 때 써요.

증발기

복숭아형 플라스크 군은 액체를 빨아들이기 쉽다

빙글빙글

가열

복숭아형 플라스크 군 단면

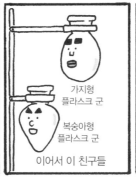

가지형 플라스크 군

복숭아형 플라스크 군

이어서 이 친구들

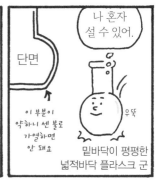

나 혼자 설 수 있어.

단면

이 부분이 약하니 센 불로 가열하면 안 돼요

우뚝

밑바닥이 평평한 넓적바닥 플라스크 군

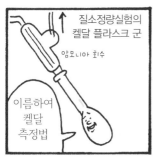

질소정량실험의 켈달 플라스크 군

암모니아 회수

이름하여 켈달 측정법

합성 실험에서 활약하는 3구 플라스크 언니

안녕

증류실험에서 활약하는 가지달린 플라스크 군

냉각

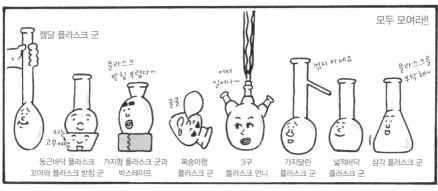

모두 모여라!!

켈달 플라스크 군

플라스크 받침 부럽다~

쿨쿨

어서 일어나

꺾지 마세요

플라스크를 부탁해~

저는 고무예요

둥근바닥 플라스크 꼬마와 플라스크 받침 군

가지형 플라스크 군과 박스테이프

복숭아형 플라스크 군

3구 플라스크 언니

가지달린 플라스크 군

넓적바닥 플라스크 군

삼각 플라스크 군

비커 군의 메모

▶혼자 설 수 있는 플라스크와 못 서는 플라스크가 있어.

플라스크는 입구가 작아서 흔들어도 내용물이 튀지 않고 이물질이 들어가지 않는다는 점에서 비커와 달라요. 하지만 입구가 작아서 곤란한 경우도 있어요. 작은 고무 마개를 끼우려다 그만 플라스크 안에 빠뜨리기도 합니다. 마개가 입구보다 훨씬 작으면 그나마 낫지만, 크기가 비슷하면 플라스크를 뒤집어도 꺼낼 수 없습니다. 비커라면 쉽게 꺼낼 수 있겠지만, 비커에 마개를 끼울 일은 없네요.

삼각 플라스크 군

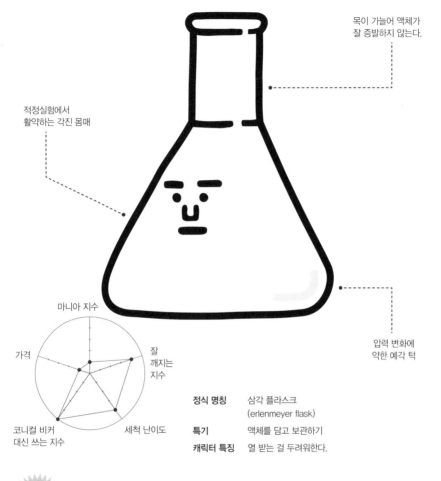

목이 가늘어 액체가
잘 증발하지 않는다.

적정실험에서
활약하는 각진 몸매

압력 변화에
약한 예각 턱

마니아 지수

가격

잘
깨지는
지수

코니컬 비커
대신 쓰는 지수

세척 난이도

정식 명칭   삼각 플라스크
(erlenmeyer flask)

특기   액체를 담고 보관하기

캐릭터 특징   열 받는 걸 두려워한다.

실험
동료들

고무 마개 군

코르크 마개 군

플라스크용 브러시 군

둥근바닥 플라스크 꼬마와 플라스크 받침 군

바닥이 둥글어 액체를 섞기에 좋다.
(플라스크 받침 안으로 숨는다)

고무 재질

마니아 지수
가격
잘
깨지는
지수
박스테이프 심으로
대체 가능한 지수
세척 난이도

정식 명칭	둥근바닥 플라스크 (round bottom flask), 플라스크 받침 (flask support)
특기	액체들을 섞거나 반응시키기
캐릭터 특징	플라스크 받침 군이 받쳐줘야 설 수 있다.

흔히 사용되는 실험기구들 중에는 탄생 배경이 알려지지 않은 것들이 많아요. 하지만 삼각 플라스크는 예외입니다. 독일의 화학자 겸 약학자인 에밀 에를렌마이어가 발명했다는 기록과 당시 그가 그린 원안이 전해지기 때문이죠.

에를렌마이어는 각종 유기화합물을 발견했습니다. 1857년 그는 기존의 플라스크를 개량하여 삼각 플라스크의 원형을 발표했고, 유리 기구 제조업자가 판매할 수 있도록 더욱 보완하여 만들었다고 합니다. 그래서 삼각 플라스크의 영문 이름은 에를렌마이어 플라스크입니다. 보통은 삼각 플라스크라고 불리지만, "미안한데 거기 있는 에를렌마이어 좀 줄래?"라고 하면 왠지 멋있어 보일 것 같아요.

넓적바닥 플라스크 군

정식 명칭   넓적바닥 플라스크
(flat bottom flask)

특기   액체들을 섞거나 반응시키기

캐릭터 특징   성실하고 듬직한 성격

약간의 가열은 괜찮다.

이름처럼
밑바닥이 넓적하다.

가지형 플라스크 군

정식 명칭   가지형 플라스크
(eggplant flask)

특기   용매를 회전하며 제거하기

캐릭터 특징   머릿속 생각을 무심코 입 밖으
로 내뱉는 타입

가지처럼 굴곡진 몸매

도톰한 입술

* 낮은 압력에서는 물질의 끓는점이 내려가는 현상을 이용하여 시행하는 분리법

실험실

어느 날 밤

무서운 이야기
①

이상하게 너무 더워서
잠에서 깼는데

왜
이렇게
덥지...?

딱 1년 전
일인데...

무섭겠다...

진짜 무서운 이야기
하나 해줄까?

그,
그랬더니...??

두근
두근

두근
두근

꿀꺽

슬그머니 밑을 보니까...

슬쩍...

그런 더위는 생전 처음일
정도로 너무 뜨거운 거야...
뭔가 이상하다 생각하면서

우린
가열해도
전혀 안
무서운데...

잘못하면
깨질 뻔했다고!!

생각만 해도
아찔해...

맞아

...잉??

이런!!

알코올
램프 군이
나를
가열하고
있었어.

활활

복숭아형 플라스크 군

정식 명칭 복숭아형 플라스크
(pear-shaped flask)

특기 액체를 회전해 용매 제거하기

캐릭터 특징 아무 생각 없이 가만있기를
좋아한다.

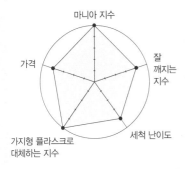

짙은 삼각형 눈썹이
매력 포인트

액체를 한곳으로 모아
빨아들이기 쉽게 하는
V 라인

가지달린 플라스크 군

정식 명칭 가지달린 플라스크
(side-arm flask)

특기 기체 분리하기

캐릭터 특성 부탁받으면 거절 못하는 타입

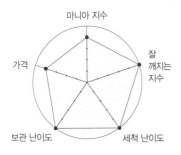

증기의 통로가
되는 가지

둥근바닥 타입

무서운 이야기
②

비커 군의 메모

▶ 삼각 플라스크 군은
   깨지기 쉬우니
   가열은 금물.
▶ 액체를 가열할 때는
   비등석을 넣자.

액체가 끓는점에 도달했는데도 끓지 않을 때 약간의 자극으로 급격한 비등(끓음)이 일어나는 현상을 돌비현상이라고 합니다. 이를 방지하는 비등석은 다공질 세라믹 등으로 만든 작은 조각이에요. 실험실에는 항상 비등석을 비치해놓지요. 가끔 비등석이 떨어지면 유리관을 가열해 길게 늘여 둥근 조각으로 만들어서 대신 쓰기도 합니다. 어떨 땐 이걸 만드느라 실험은 뒷전이 될 때도 있죠. 참고로 커피 사이펀 속에 들어 있는 사슬도 비등석 역할을 합니다.

3구 플라스크 언니

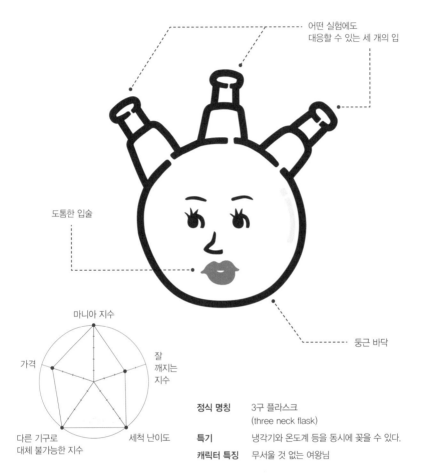

어떤 실험에도
대응할 수 있는 세 개의 입

도톰한 입술

둥근 바닥

마니아 지수

가격

잘
깨지는
지수

다른 기구로
대체 불가능한 지수

세척 난이도

정식 명칭   3구 플라스크
(three neck flask)

특기   냉각기와 온도계 등을 동시에 꽂을 수 있다.

캐릭터 특징   무서울 것 없는 여왕님

막대온도계 군

고무 마개 군

적하깔때기 형

켈달 플라스크 군

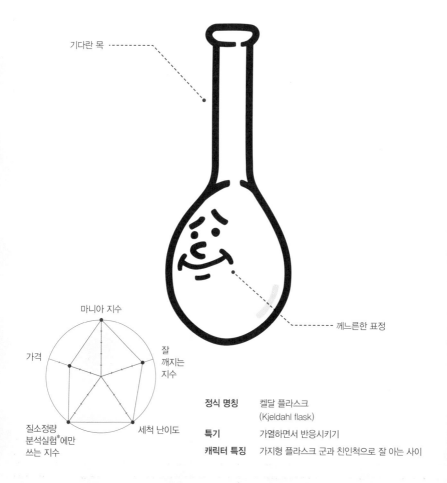

기다란 목

께느른한 표정

마니아 지수

가격

잘
깨지는
지수

질소정량
분석실험*에만
쓰는 지수

세척 난이도

정식 명칭 켈달 플라스크
(Kjeldahl flask)

특기 가열하면서 반응시키기

캐릭터 특징 가지형 플라스크 군과 친인척으로 잘 아는 사이

플라스크 친구들은 모두 목이 가늘고 기다랗습니다. 이 모양은 만들기가 매우 까다롭다고 해요. 플라스크는 용광로에서 녹인 유리를 금속 파이프 끝에 붙이고, 금형에 넣은 후 공기를 불어 부풀려 만듭니다. 붕어빵을 구울 때 위아래로 금속 틀을 눌러 모양을 만드는 것과 비슷하지요. 유리의 양을 일정하게 하여 두께를 균일하게 만듭니다.

이 모양 때문에 플라스크 친구들은 모두 목 이음새가 약합니다(삼각 플라스크는 바닥 가장자리도 약합니다). 용액을 가득 채운 큰 플라스크를 목 부분만 잡고 옮기다가는 자칫 목이 부러질 수 있습니다. 그럼 내용물과 유리 파편이 주변으로 튀면서 웃을 수 없는 참사가 일어나고 말지요.

* 단백질의 정량과 품질관리, 그리고 규격을 위한 분석에서 총 질소량을 정량하는 분석실험

시험관 총집합

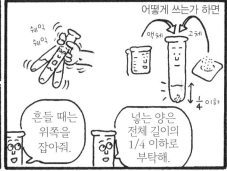

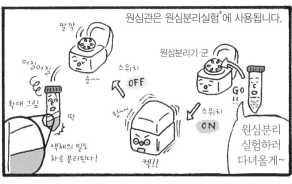

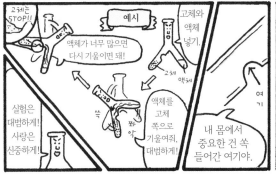

* 원심력으로 액체의 고체 입자 또는 액체 미립자를 분리하는 실험

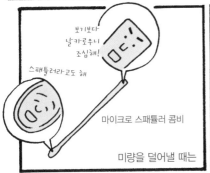

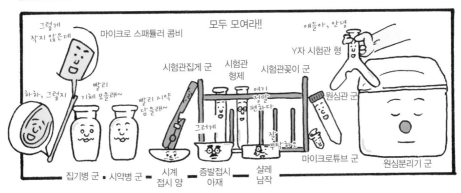

비커 군의 메모

▶ 원심관의 작은 형태가 마이크로튜브 군이야.

시험관을 세척하다 밑바닥을 깨뜨릴 때가 많습니다. 유리막대나 막대온도계도 조심해야 합니다. 브러시와 달리 무게가 있어서 공중에서 놓치면 쉽게 바닥이 뚫립니다. 사고는 대부분 세척을 위해 싱크대로 실험기구를 옮길 때 일어납니다. 온도계는 바닥에 떨어지면 온도를 측정하는 부분인 구부까지 깨집니다. 수은온도계라면 금전적 손해 말고도 수은을 흡착하기 위해 구리선으로 바닥을 훑어야 하는 등 뒷수습에 애를 먹습니다.

* 물속에서 기체들을 포집하는 방법으로, 주로 물에 녹기 어려운 기체의 포집에 사용된다.

시험관 형제

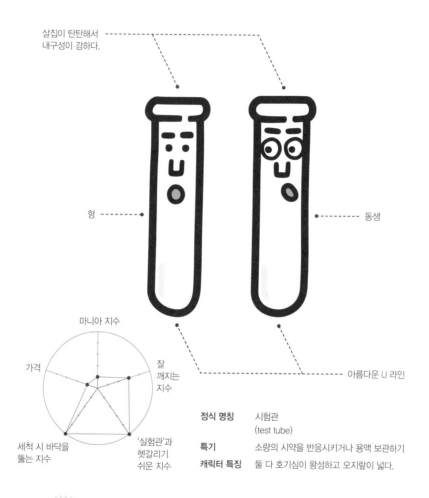

살집이 탄탄해서
내구성이 강하다.

형

동생

마니아 지수

가격

잘 깨지는 지수

세척 시 바닥을 뚫는 지수

'실험관'과 헷갈리기 쉬운 지수

아름다운 U 라인

정식 명칭	시험관 (test tube)
특기	소량의 시약을 반응시키거나 용액 보관하기
캐릭터 특징	둘 다 호기심이 왕성하고 오지랖이 넓다.

실험 동료들

시험관집게 군

시험관꽂이 군

시험관용 브러시 군

시험관집게 군

정식 명칭 시험관집게
(test tube clamp)

특기 시험관 집기

캐릭터 특징 보기에는 못 미덥지만 일은
제대로 한다.

마니아 지수

가격

잘
깨지는
지수

집은 시험관을
놓쳐버리는 지수

가열 시에만
쓰는 지수

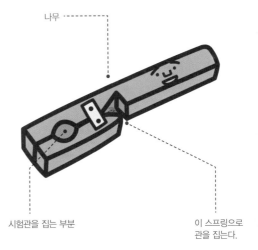

나무

시험관을 집는 부분

이 스프링으로
관을 집는다.

시험관꽂이 군

정식 명칭 시험관꽂이
(test tube stand)

특기 시험관을 세워 보관하기

캐릭터 특징 남의 이야기를 잘 들어주는
타입으로, 시험관 형제의
수다를 늘 즐겁게 듣는다.

마니아 지수

가격

잘
깨지는
지수

보관 장소가
애매한 지수

찌든 때가
있는 지수

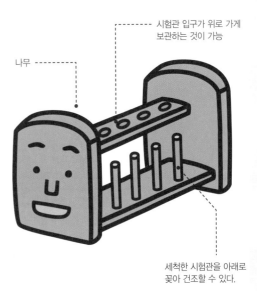

시험관 입구가 위로 가게
보관하는 것이 가능

나무

세척한 시험관을 아래로
꽂아 건조할 수 있다.

원심관 군과 마이크로튜브 군

정식 명칭　원심관
(centrifuge tube)

특기　액체를 품고 원심분리기에서
빙글빙글 돌기

캐릭터 특징　원심관 군은 어려운 사람을
보면 가만있지 못한다.
마이크로튜브 군은 매우 얌전하다.

마니아 지수
가격
잘 깨지는 지수
원심분리기 내부가 궁금한 지수
원침(遠沈)관인지 원심(遠心)관인지 헷갈리는 지수

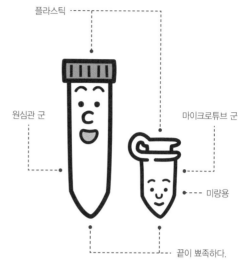

플라스틱

원심관 군

마이크로튜브 군

미량용

끝이 뾰족하다.

원심분리기 군

정식 명칭　원심분리기
(centrifuge separator)

특기　원심관을 빙글빙글 돌려 비중이
다른 액체를 분리하기

캐릭터 특징　평소에는 잠만 자며, 실험할
때만 깨어 있다.

마니아 지수
가격
잘 고장 나는 지수
원심관을 배치할 때 점대칭으로 넣어야 하는 지수
원심력 강도

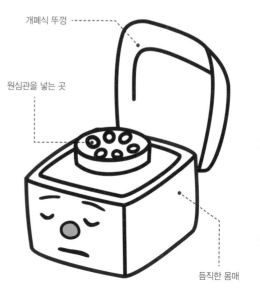

개폐식 뚜껑

원심관을 넣는 곳

듬직한 몸매

나누다

비커 군의 메모

▶원심분리기 군의
힘은 어마어마해…

Y자 시험관 형

정식 명칭   Y자 시험관
(forked test tube)

특기   고체와 액체 반응시키기

캐릭터 특징   양다리를 걸칠 것처럼 생겼지만
일편단심 민들레 타입

거꾸로 된 Y자 모양의
늘씬한 몸매

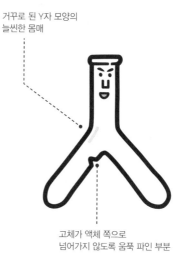

고체가 액체 쪽으로
넘어가지 않도록 움푹 파인 부분

마니아 지수

가격

잘
깨지는
지수

세워서 보관하기
힘든 지수

세척 난이도

샬레 남작

정식 명칭   샬레(schale),
페트리 접시(petri dish)

특기   미생물 배양하기

캐릭터 특징   남작을 연상케 하는 콧수염이
트레이드 마크

멸균 가능
내열유리 재질

외알 안경으로
지적인 이미지를 강조

마니아 지수

가격

잘
깨지는
지수

다양한 실험에
쓰는 지수

이름이
멋진 지수

증발접시 아재

정식 명칭 증발접시
(evaporating dish)

특기 용액을 가열해 용질 추출하기

캐릭터 특징 말이 아닌 뒷모습으로 모든 것을 표현한다.

가열에 강한 도자기 재질

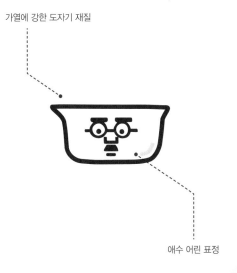

애수 어린 표정

마니아 지수

가격

잘 깨지는 지수

다양한 실험에 쓰는 지수

내열성

시계접시 양

정식 명칭 시계접시
(watch glass)

특기 소량의 결정 석출하기

캐릭터 특징 활달하고 적극적인 성격

관찰하기 좋은 넓은 직경

또렷한 눈매

마니아 지수

가격

잘 깨지는 지수

다양한 실험에 쓰는 지수

실험 도중 빙글빙글 도는 지수

시약병 군과 뚜껑 군

정식 명칭 시약병
(reagent bottle)

특기 시약과 용액 등을 보관하기

캐릭터 특징 통통한 입술이 매력 포인트

광구(넓은 입구) 타입 ----

유리 안은
불투명하게 가공

안에 무엇이
들어 있는지 표시된
경우도 있다.

옆면의 유리는 ----
불투명하게 가공

집기병 군과 뚜껑 군

정식 명칭 집기병
(gas collecting bottle)

특기 기체 포집하기

캐릭터 특징 집기병 뚜껑 군은 가끔 시약병
군을 덮어버리는 실수를 저지
르는 허당이다.

윗면 유리는
불투명하게 가공

테두리는 ----
불투명하게 가공

마이크로 스패튤러 콤비

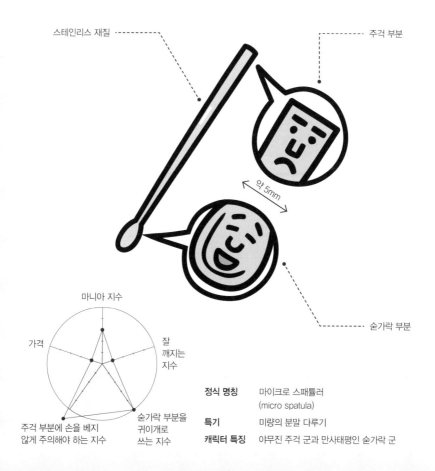

스테인리스 재질

주걱 부분

약 5mm

숟가락 부분

마니아 지수

가격

잘
깨지는
지수

주걱 부분에 손을 베지
않게 주의해야 하는 지수

숟가락 부분을
귀이개로
쓰는 지수

정식 명칭	마이크로 스패튤러 (micro spatula)
특기	미량의 분말 다루기
캐릭터 특징	야무진 주걱 군과 만사태평인 숟가락 군

시약병과 집기병의 입구는 모양으로 구별할 수 없을 만큼 비슷합니다. 구별하는 포인트는 입구의 유리가 불투명하게 가공 처리되었느냐의 여부입니다.

집기병은 입구의 윗면 전체가 불투명하게 가공 처리되어 평평한 뚜껑(한 면이 불투명 가공)이라면 모두 사용할 수 있습니다. 그러나 시약병은 뚜껑이 들어가는 안쪽 면까지 불투명하게 가공 처리되어 아귀가 맞지 않으면 잘 닫히지 않거나 최악의 경우 꽉 껴서 열지 못하게 될 수도 있어요. 이렇게 취급하기 어려운 탓에 최근에는 플라스틱 재질로 바뀌는 추세입니다. 결과적으로는 안 쓰인 채 방치되어 잊혀지는 존재가 되고 있지만요.

바로 뚜껑(마개)입니다!

오늘은 뚜껑들의 이야기입니다.

액체와 시약 등을 보관할 때 반드시 필요한 것은 무엇일까요.

뚜껑들

제1차 뚜껑 정상회담을 시작하겠습니다.

참석해주신 분들께 감사드립니다.

북적 북적

웅성 웅성

시끌 시끌

제1차 뚜껑 정상회담

반갑습니다.

불투명유리 원반 군 (집기병 뚜껑)

알코올램프 뚜껑 군

시약병 뚜껑 군

코르크 마개 군

고무 마개 군

실리콘 마개 양

유리 마개 군

책상 서랍에 마구 쑤셔 넣는다니까~

맞아, 맞아

뚜껑이라고 좀 거칠게 다루어지는 경향이 있다!

그럼 저부터

첫 번째 주제는 '이럴 때 있다, 있어'입니다.

비커 군의 메모

▶ 뚜껑은 소중하게 다뤄줘.

비커는 입구가 넓어서 용액이 증발할지 몰라 신경 쓰일 뿐만 아니라, 먼지가 들어갈까 봐 조심스럽기도 합니다. 그래서 파라필름과 랩, 알루미늄 호일을 덮거나 비커 전용 뚜껑을 쓰기도 해요. 의외로 활용도가 높은 것이 생활용품 가게에서 파는 머그컵용 실리콘 뚜껑입니다. 냄비 뚜껑용이나 밀착돼 내용물이 흐르지 않는 뚜껑들도 있습니다. 최대 300㎖ 비커까지 사용할 수 있는데, 그 이상의 비커는 전용 뚜껑을 사용하는 것이 좋습니다.

* 물에 녹는 기체 중 공기보다 무거운 기체를 모을 때 사용하는 기체포집법

유리 마개 군

정식 명칭　유리 마개
　　　　　　(stopper)

특기　　　입구가 좁은 유리 용기 밀폐하기

캐릭터 특징　뚜껑 정상회담 진행자

움푹 파인 라인이
매력 포인트

측면 유리는
불투명하게 가공

마니아 지수
가격
잘 깨지는 지수
메스플라스크에 꽉 껴서 잘 안 빠지는 지수
데굴데굴 구르는 지수

실리콘 마개 양

정식 명칭　실리콘 고무 마개
　　　　　　(silicone rubber stopper)

특기　　　입구가 좁은 용기 밀폐하기

캐릭터 특징　너무 솔직해서 자기도 모르게
　　　　　　잔소리를 자주 한다.

실리콘 고무 재질

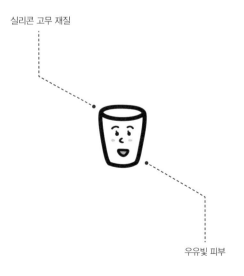

우유빛 피부

마니아 지수
가격
잘 깨지는 지수
펑 튀었을 때 위험 지수
데굴데굴 구르는 지수

고무 마개 군

정식 명칭   고무 마개
           (rubber stopper)

특기   입구가 좁은 용기 밀폐하기

캐릭터 특징 바람둥이지만 성격은 꽤
           괜찮은 녀석

선글라스가 필수 아이템

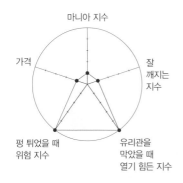

마니아 지수

가격

잘
깨지는
지수

펑 튀었을 때
위험 지수

유리관을
막았을 때
열기 힘든 지수

천연고무 재질

코르크 마개 군

정식 명칭   코르크 마개
           (cork stopper)

특기   입구가 좁은 용기 밀폐하기

캐릭터 특징 친구를 먼저 생각하는 마음씨
           착한 녀석

삼각형 코가
매력 포인트

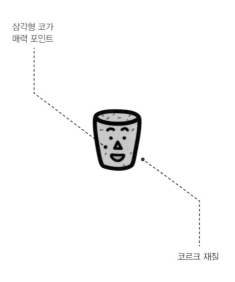

마니아 지수

가격

잘
깨지는
지수

펑 튀었을 때
위험 지수

유리관을
막았을 때
열기 힘든 지수

코르크 재질

루이 파스퇴르와
백조목 플라스크

플라스크계의 슈퍼스타는 백조목 플라스크입니다. 목 부분을 가열해 길게 S 자로 만든 모양이 백조의 목을 닮아 지금의 이름이 붙었습니다. 이 플라스크는 프랑스의 생화학자이자 세균학자인 루이 파스퇴르(Louis Pasteur)가 19세기 중반에 실험을 위해 개발했습니다.

이 실험 전까지 미생물은 영양분이 있는 용액 속에서 자연발생하는 것으로 여겨졌습니다. 이에 의문을 품은 파스퇴르는 수프를 넣은 플라스크를 백조목 플라스크로 가공해 자비소독(끓는 물에 소독)으로 살균한 후 방치하는 실험을 했습니다. 실험 결과 수프는 며칠간 부패하지 않았습니다. 그런데 플라스크의 목을 기울이거나 플라스크를 흔들어 수프를 목 부분까지 닿게 한 다음 제자리로 되돌렸더니 수프가 부패했습니다. 파스퇴르는 플라스크에 들어간 먼지 속의 미생물을 원인으로 판단해 1861년 「자연발생설의 검토」라는 논문을 발표했습니다.

백조목 플라스크 실험을 실제로 재현하는 것은 매우 어렵습니다. 실험 자체는 단순하지만 백조의 목을 만들기가 까다롭거든요. 요즘처럼 얇은 유리로 만든 플라스크로 목을 만들면 중간에 부러지기 일쑤입니다. 그 결과 실험실에는 수프가 든 플라스크 잔해가 잔뜩 쌓이겠지요. 나중에야 알게 되었는데, 유리관을 S 자로 구부리고 고무 마개를 이용해 플라스크에 연결하면 쉽게 해결되는 문제였습니다.

백조목 플라스크

CHAPTER

3

메니스커스라고
들어봤어?

측정하는 친구들

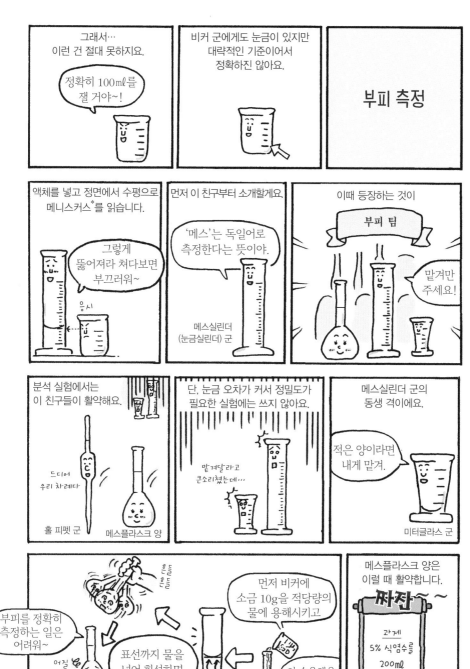

* 그리스어로 초생달을 의미하며, 가는 관 속의 액체 표면이 이루는 굽은 면의 형태를 말한다.

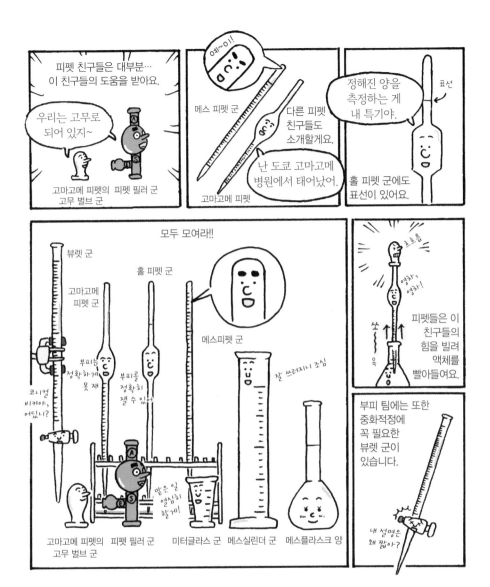

비커 군의 메모

▶고마고메 피펫 군은 도쿄 고마고메 병원에서 태어났어.

홀 피펫을 처음 사용했을 때였는데, 입으로 용액을 빨아들이라고 해서 무척 당황했던 기억이 납니다. 휘발성 용액이나 독극물이면 어쩌려고…(당연히 이런 것은 빨면 안 됩니다). 나중에 피펫 필러를 보고 안전하다는 걸 납득했답니다. 하지만 피펫 필러에도 맹점이 있어요. 너무 세게 빨아서 안으로 용액이 들어가면 빼낼 수 없거든요. 물은 건조하면 되지만, 특이한 용액이 들어가면 곤란합니다.

메스실린더 군

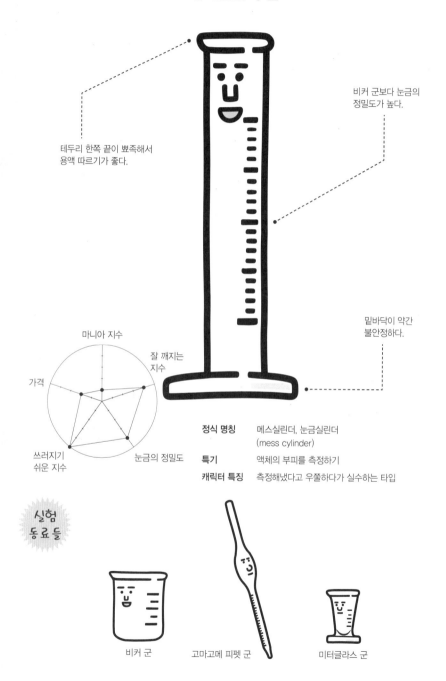

테두리 한쪽 끝이 뾰족해서
용액 따르기가 좋다.

비커 군보다 눈금의
정밀도가 높다.

밑바닥이 약간
불안정하다.

마니아 지수

잘 깨지는
지수

가격

쓰러지기
쉬운 지수

눈금의 정밀도

정식 명칭　메스실린더, 눈금실린더
　　　　　　(mess cylinder)

특기　　　액체의 부피를 측정하기

캐릭터 특징　측정해냈다고 우쭐하다가 실수하는 타입

실험
동료들

비커 군

고마고메 피펫 군

미터글라스 군

미터글라스 군

정식 명칭	미터글라스 (measuring glass)
특기	소량의 액체 부피 측정하기
캐릭터 특징	메스실린더 군의 동생 격

테두리 끝이
따르기 편하게
가공되어 있다.

비커 군보다는
눈금이 정밀하다.

메스플라스크 양

정식 명칭	메스플라스크 (mess flask)
특기	용액 농도 조절하기
캐릭터 특징	예쁜 것을 좋아한다.

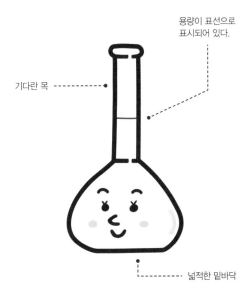

용량이 표선으로
표시되어 있다.

기다란 목

넓적한 밑바닥

피펫 필러 군

정식 명칭	피펫 필러 (pipet filler, safety pipeter)
특기	액체를 빨아들이고 뱉기
캐릭터 특징	언제나 낙천적이며 실패를 두려워하지 않는다.

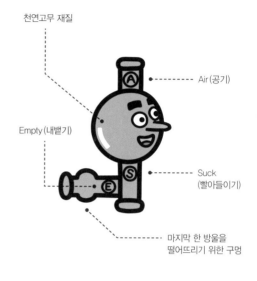

천연고무 재질

Air (공기)

Empty (내뱉기)

Suck
(빨아들이기)

마지막 한 방울을
떨어뜨리기 위한 구멍

마니아 지수

가격

잘
깨지는
지수

내부에 액체가
들어가면 골치 아픈 지수

한 번에
빨아들이는
액체의 양

고마고메 피펫의 고무 벌브 군

정식 명칭	피펫용 고무 캡 (pipette cap)
특기	고마고메 피펫 군이 액체를 빨아들이도록 돕기
캐릭터 특징	피펫 필러 군처럼 되는 게 꿈

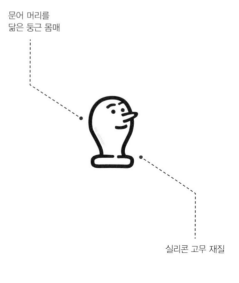

문어 머리를
닮은 둥근 몸매

실리콘 고무 재질

마니아 지수

가격

잘
깨지는
지수

밟혀도
끄떡없는 지수

한 번에
빨아들이는
액체의 양

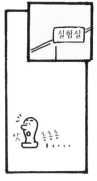

고마고메 피펫의 고무 벌브 군의 꿈

비커 군의 메모

▶ 고마고메 피펫의 고무 벌브 군은 밟혀도 끄떡없어.

메스피펫 군

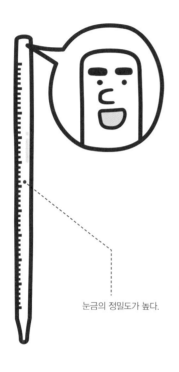

눈금의 정밀도가 높다.

홀 피펫 군

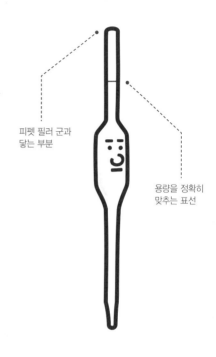

피펫 필러 군과
닿는 부분

용량을 정확히
맞추는 표선

정식 명칭	메스피펫 (measuring pipette)
특기	원하는 양만큼 액체 빨아들이기
캐릭터 특징	얼굴은 작지만 목소리는 우렁찬 혈기 왕성한 청년

마니아 지수

잘
깨지는
지수

눈금의 정밀도

데굴데굴
구르는 지수

가격

정식 명칭	홀 피펫 (whole pipette)
특기	정확한 용량으로 액체 빨아들이기
캐릭터 특징	짝꿍은 피펫 필러 군

마니아 지수

잘
깨지는
지수

측정 용량의
정밀도

가열 · 건조
금지 지수

가격

뷰렛 군

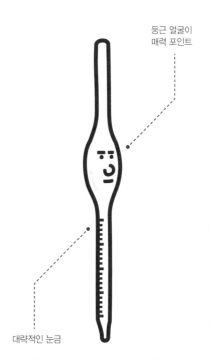

정밀도가 높은 눈금

끝으로 갈수록
가늘어진다.

정식 명칭	뷰렛 (burette)
특기	필요한 양만큼 액체 떨어뜨리기
캐릭터 특징	짝꿍은 코니컬 비커 군

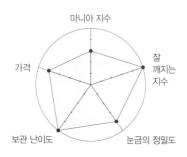

고마고메 피펫 군

둥근 얼굴이
매력 포인트

대략적인 눈금

정식 명칭	고마고메 피펫 (Komagome type pipette)
특기	적당한 양의 액체 빨아들이기
캐릭터 특징	짝꿍은 고무 벌브 군

무게는 중력의 영향을 받아요.

한편 질량은 중력의 영향을 받지 않아요.

위치와 상관없이 일정해!

무게 1/6.

지구

둥둥

달

무게와 질량 측정

늘어나는 용수철로 무게를 측정하지.

늘어남

무게를 측정할 때는…

홋홋홋

용수철저울 옹

무게와 질량을 측정하는 친구들을 소개할게요.

휴~ 추는 너무 피곤해

무게의 수평을 잡아서 측정합니다.

측정하려는 물건

후

오, 수평이다

참고로 추로 사용되는 친구들은

분동 삼형제

5g 2g 1g

판상 분동 삼형제

500mg 200mg 100mg

다 사용하면 한쪽으로 포개 놓습니다.

질량에 관해서는 이 친구부터 소개할게요.

접시예요~

접시예요~

윗접시저울 군과 두 장의 접시 군

측정 시 체크해야 하는 부분이 있어요.

바로 여기!!

왜냐하면…

전자저울 군을 위에서 본 모습

50.00 g

삐

디지털이야~

이어서 이 친구는

전자저울 군

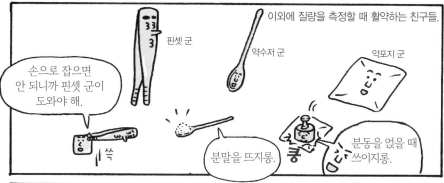

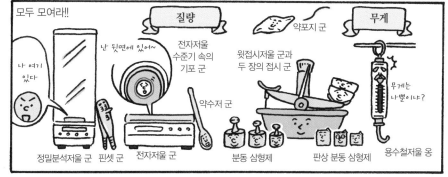

비커 군의 메모

▶수준기의 기포 군이 중심에 있어야 정확히 측정할 수 있어.

오랜만에 윗접시저울을 꺼냈는데 함께 보관한 분동이 사라졌을 때가 있어요. 이때는 일본 동전 1엔이 정확히 1g이니 mg 단위의 측정이 아니라면 임시방편으로 쓸 수 있어요. 0.1g 단위로 측정할 때는 띠 모양으로 자른 두꺼운 종이를 1g만큼 측정해 자르고, 이를 4등분하여 잘라내면 0.25g짜리 분동을 만들 수 있습니다. 이렇게 0.25g짜리 종이를 몇 등분하다 보면, 이론적으로 더 정밀한 분동을 만들 수 있습니다. 정밀도는 장담 못하지만요.

윗접시저울 군과 두 장의 접시 군

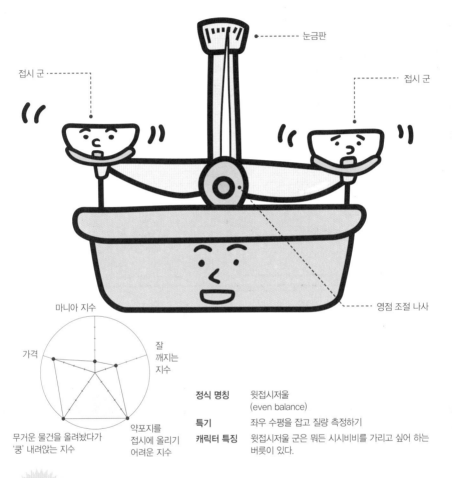

눈금판

접시 군

접시 군

영점 조절 나사

마니아 지수

가격

잘
깨지는
지수

무거운 물건을 올려놨다가
'쿵' 내려앉는 지수

약포지를
접시에 올리기
어려운 지수

정식 명칭 윗접시저울
(even balance)

특기 좌우 수평을 잡고 질량 측정하기

캐릭터 특징 윗접시저울 군은 뭐든 시시비비를 가리고 싶어 하는
버릇이 있다.

실험
동료들

분동 삼형제

판상 분동 삼형제

분동 삼형제

정식 명칭	원통형 분동 (cylindrical weight)
특기	질량을 측정할 때 추로 사용되기
캐릭터 특징	우애 좋은 삼형제

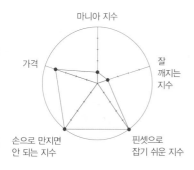

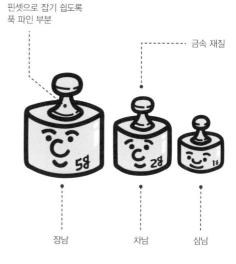

핀셋으로 잡기 쉽도록 푹 파인 부분

금속 재질

장남　　차남　　삼남

판상 분동 삼형제

정식 명칭	판상 분동 (plate weight)
특기	질량을 측정할 때 추로 사용되기
캐릭터 특징	분동 삼형제와 친척 사이

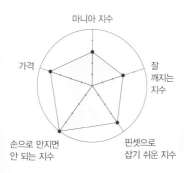

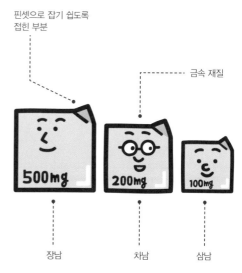

핀셋으로 잡기 쉽도록 접힌 부분

금속 재질

장남　　차남　　삼남

전자저울 군

정식 명칭 전자저울
(electronic force balance)

특기 질량 측정하기

캐릭터 특징 수준기 속의 기포 군 때문에 늘 애를 먹는다.

뒷면의 수준기 속에
기포 군이 숨어 있다.

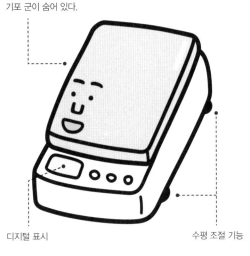

마니아 지수

가격

잘
고장 나는
지수

정기 점검이
필요한 지수

영점 조절을
까먹는 지수

디지털 표시

수평 조절 기능

정밀분석저울 군

정식 명칭 정밀분석저울
(precision analytical balance)

특기 질량을 보다 정밀하게 측정하기

캐릭터 특징 예민한 성격이지만 자기 실수는
금세 까먹는다.

공기 흐름의 영향을
최소화하는 유리 상자

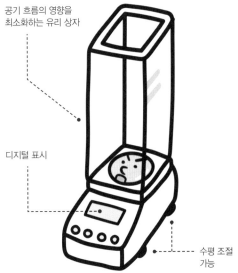

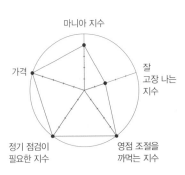

마니아 지수

가격

잘
고장 나는
지수

정기 점검이
필요한 지수

영점 조절을
까먹는 지수

디지털 표시

수평 조절
기능

전자저울 수준기 속의 기포 군

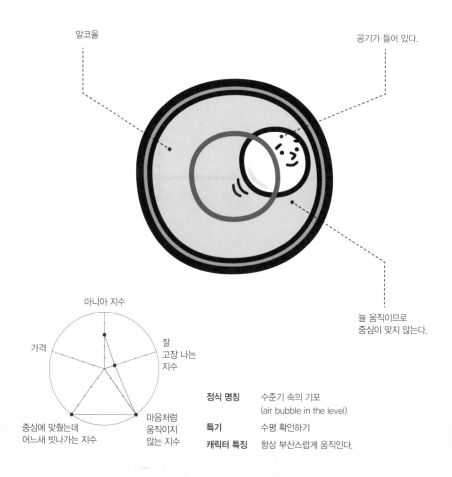

알코올

공기가 들어 있다.

늘 움직이므로
중심이 맞지 않는다.

마니아 지수

가격

잘
고장 나는
지수

중심에 맞췄는데
어느새 빗나가는 지수

마음처럼
움직이지
않는 지수

정식 명칭	수준기 속의 기포
	(air bubble in the level)
특기	수평 확인하기
캐릭터 특징	항상 부산스럽게 움직인다.

분동은 위에 둥근 손잡이가 달려 있는데 그 자태가 어딘지 요염합니다. 그래서 저도 모르게 손으로 잡곤 하는데, 그랬다가는 실험실 선배로부터 호통을 듣기 쉽습니다. 손가락 지문이 묻으면 분동의 무게가 변하고, 지문의 기름과 수분으로 분동이 녹슬어도 분동의 무게가 변하기 때문입니다. 그래서 분동을 취급할 때는 반드시 핀셋을 사용해야 합니다.

분동 케이스에는 전용 핀셋이 있습니다. 이 핀셋은 오염되면 분동도 오염되기 때문에 다른 용도로는 사용하면 안 됩니다. 참고로 1g 이하의 분동은 네모난 조각 모양입니다. 핀셋으로 집을 수 있도록 모서리 한쪽 부분이 접혀 있지요.

용수철저울 옹

정식 명칭   용수철저울
             (spring balance)

특기   용수철이 늘어나는 길이로 무게
             측정하기

캐릭터 특징   '훗훗훗'이 입버릇

할아버지처럼
쭈글쭈글한 얼굴

물건을
걸기 위한 고리

덥수룩한 눈썹

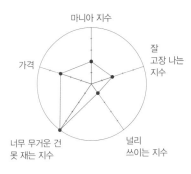

마니아 지수

가격

잘
고장 나는
지수

너무 무거운 건
못 재는 지수

널리
쓰이는 지수

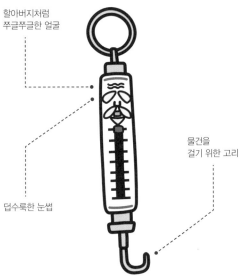

핀셋 군

정식 명칭   핀셋
             (tweezers)

특기   작은 물건을 집거나 분류하기

캐릭터 특징   말수는 적지만 지시받은 일은
             확실하게 한다.

눈을 떴는지
안 떴는지
애매한 눈매

스테인리스 재질

미끄럼 방지 가공

마니아 지수

가격

잘
고장 나는
지수

미끄럼 방지 부분의
때가 지워지지 않는 지수

실험 이외에
활약하는 지수

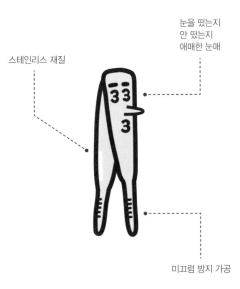

약수저 군

정식 명칭 약수저
(dispensing spoon)

특기 분말로 된 시료를 뜨고 퍼내기

캐릭터 특징 어렵고 힘들어도 절대 포기하지 않는 노력가

뒷면이 살짝 오목하다.

스테인리스 재질

마니아 지수

가격

잘 고장 나는 지수

양쪽 중 어느 쪽을 사용할지 갈등되는 지수

약사가 사용하는 지수

약포지 군

정식 명칭 약포지
(powder paper)

특기 분말로 된 시료를 얹거나 싸기

캐릭터 특징 물건으로 얼굴을 덮어도 개의치 않는 성격. 자학적인 면이 있다.

분말 등이 가운데로 모이기 쉽도록 접은 부분

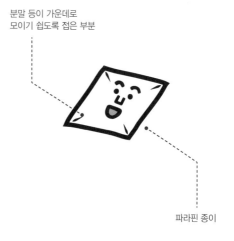

파라핀 종이

마니아 지수

가격

잘 망가지는 지수

한 번에 여러 장 집게 되는 지수

약사가 사용하는 지수

* 저울을 사용하여 물질의 무게를 측정하는 것

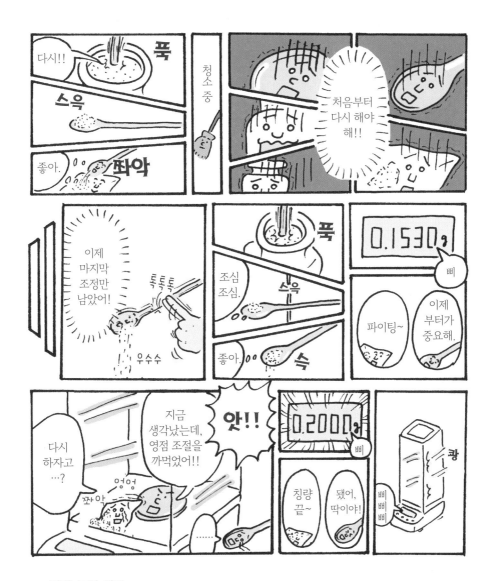

비커 군의 메모

▶ 칭량할 때는 영점 조절을 잊지 말 것!

전자저울이 편리하긴 하지만 실험 분위기를 내는 데는 역시 윗접시 저울이 좋죠. 그런데 윗접시저울도 보정이 필요해요. 접시를 올리고 저울 양 끝의 너트를 회전하며 눈금이 영점에 오도록 균형을 잡습니다. 이때 아날로그 감성에 직감까지 총동원해야 해요. 참고로 두 접시는 올려놓는 위치가 정해져 있습니다. 접시 뒷면의 번호를 저울 대에 쓰인 번호에 맞추면 됩니다.

역사 속 위대한
실험 과학자들

비커 군을 비롯한 여러 실험기구를 사용해 역사에 이름을 남긴 위대한 선구자들 중 몇 사람을 소개합니다.

갈릴레오 갈릴레이(Galileo Galilei, 1564~1642)

과학실험이라는 말에서 연상되는 과학자는 뭐니 뭐니 해도 과학의 아버지라 불리는 갈릴레오 갈릴레이일 것입니다. 특히 '피사의 사탑 실험'이 유명해요. 경사진 탑에서 무거운 공과 가벼운 공을 떨어뜨려 낙하물의 법칙, 즉 떨어지는 물체의 속도는 무게와 상관없이 일정하게 가속된다는 사실을 발견했다고 알려져 있습니다. 그런데 사실 갈릴레이는 기울어진 레일 위에서 구슬을 굴리는 실험으로 이 법칙을 유도해냈다고 합니다. 피사의 사탑 실험은 한 제자가 만들어낸 가짜 일화라고 해요.

아이작 뉴턴(Sir Issac Newton, 1642~1727)

갈릴레이보다 유명한 사람은 만유인력의 법칙을 발견한 뉴턴일 것입니다. 현대까지 이어지고 있는 역학을 구축했으니 대단하지요. 잘 알려진 실험은 그리 많지 않지만 프리즘을 사용해 빛을 연구한 '결정 실험'과 자신의 눈가에 숟가락을 꽂아 눈의 기능을 조사하는 등 다양한 실험들을 했다고 합니다. 다만 위대한 실험가였던 로버트 훅(Robert Hooke)이 동시대에 같은 왕립과학협회에서 활약한 탓에 뉴턴은 이론가라는 인상이 강하지요.

앙투안 로랑 라부아지에(Antoine-Laurent de Lavoisier, 1743~1794)

화학실험의 대가라면 근대화학의 아버지라 불리는 라부아지에를 빼놓을 수 없지요. 유리 용기 속에 밀폐한 물질을 빛으로 연소시켜 질량 변화를 조사하여 '질량보존의 법칙*'을 발견한 것으로 유명합니다. 징세(徵稅) 청부인이기도 했던 라부아지에는 프랑스혁명 중 '시민의 적'이라는 죄목으로 단두대에서 처형되었습니다. 그의 공적이 후세에 제대로 전해질 수 있었던 것은 실험 조수였던 부인 마리가 실험 기록을 자세히 남겼기 때문이에요.

로저 베이컨(Roger Bacon, 1214~1294)

로저 베이컨은 이론 근대과학이 발달한 17세기의 과학혁명보다 400년도 훨씬 이전에 실험 관찰을 바탕으로 과학을 실천하면서 '경탄박사(Doctor Mirabilis)'라는 특이한 별명까지 얻은 과학자입니다. 근대과학의 선구자로 평가되기도 합니다. 그 자신은 새로운 사상을 발표하는 것에 소극적이었는데, 교황으로부터 "종교상의 금령을 무시하고 저술하라"는 명령을 받고 위대한 저서를 완성했습니다. 하지만 이 교황이 죽자마자 처벌받게 되면서 10년이나 투옥되었다고 하네요.

제임스 프레스콧 줄(James Prescott Joule, 1818~1889)

평범한 실업가였던 줄은 취미 삼아 하던 실험으로 과학사에 이름을 남겼습니다.

* 화학반응의 전후에서 반응물질의 전 질량과 생성물질의 전 질량은 같다는 법칙

바로 '줄의 법칙*'을 발견한 실험입니다. 자택을 개조하여 실시한 실험의 결과를 학회에서 발표한 그는 무명이었던 탓에 처음에는 무시당했지만, 훗날 윌리엄 톰슨(William Thomson-켈빈 경)에게 실력을 인정받아 공동 연구를 하면서 근대 열역학을 개척하는 위대한 업적을 이룩하게 됩니다. 수중에서 물레방아를 돌려 수온의 상승을 정밀하게 측정한 실험이 유명합니다.

스탠리 로이드 밀러(Stanley Lloyd Miller, 1930~2007)
해럴드 클레이턴 유리(Harold Clayton Urey, 1893~1981)

시카고대학교 대학원생이었던 밀러가 유리의 실험실에서 실시한 '유리-밀러의 실험'은 생물학사에 길이 남을 위대한 실증으로 이어졌습니다. 플라스크형 용기에 질소와 탄소 화합물, 물을 첨가해 전기 스파크를 일으키자 무기물로부터 유기물인 아미노산(생체의 근원)이 생성됐기 때문입니다. 이는 원시 지구에서도 바다와 벼락이 이처럼 작용하여 생명이 탄생했을 것이라는 화학진화설 탄생의 계기가 되었습니다.

이반 페드로비치 파블로프(Ivan Petrovich Pavlov, 1849~1936)

조건반사라고 하면 반사적으로 '파블로프의 개'를 떠올릴 만큼(이게 조건반사) 무척 유명한 실험을 한 과학자입니다. 이 실험의 내용은 개에게 먹이를 줄 때마다 종을 울리면 개는 종소리를 듣기만 해도 침을 흘린다는 것입니다. 그는 또한

* 저항체에 흐르는 전류의 크기와 이 저항체에서 단위 시간당 발생하는 열량의 관계를 나타낸 법칙

신경활동과 뇌 연구에서 큰 성과를 거두면서 '세계 생리학회의 왕자'라고 칭송받기도 했습니다. 실험에 사용한 개의 사진이 남아 있는 것을 보면 아마도 무척 개를 사랑했던 것 같습니다.

어니스트 러더퍼드(Ernest Rutherford, 1871~1937)

실험물리학의 대가로서 마이클 패러데이(Michael Faraday)와 함께 쌍벽을 이루는 러더퍼드는 '원자물리학의 아버지'라 불렸습니다. 얇은 금속판에 알파선을 충돌시킨 '가이거와 마스든의 실험'이 유명합니다. 이 실험의 이름에 러더퍼드가 없는 이유는 실제 실험은 그의 두 제자가 했기 때문입니다. 러더퍼드의 위대함은 그 결과를 바탕으로 지금까지도 통용되는 새로운 원자 구조를 생각해낸데 있습니다. 이 알파선 산란 방법은 현재도 '러더퍼드의 산란'이라고 부릅니다.

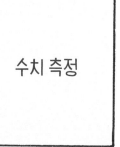
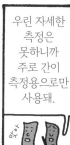

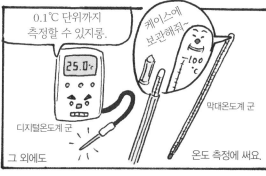

비커 군의 메모

▶ 백엽상 형님의
상자 안에는 이것저것
신기한 게 많아.

백엽상은 19세기 중반 영국에서 쓰이기 시작했답니다. 단순한 상자 같지만 공기가 잘 통하고 외부 온도 변화를 차단하는 겹비늘 창살 구조가 있어 보기보다 정교하게 제작됩니다. 설치 장소도 잔디밭 지면에서 1.2~1.5m 높아야 하는 등 정확도를 위한 조건들이 자세히 지정되어 있습니다. 이제는 자동 기기가 보급되면서 더 이상 관측에 사용되지 않습니다. 초등학교나 중학교 과학 시간에만 등장하는 유물이 됐지요.

* 기체나 용액에 빛을 쏘인 뒤 통과해 나온 빛의 세기는 흡수층의 두께와 몰 농도의 영향을 받고, 기체나 용액이 빛을 흡수하는 정도는 흡수층의 분자 수에 비례하며 희석되나 압력과는 무관하다는 법칙

파란색 리트머스 종이 군과 빨간색 리트머스 종이 군

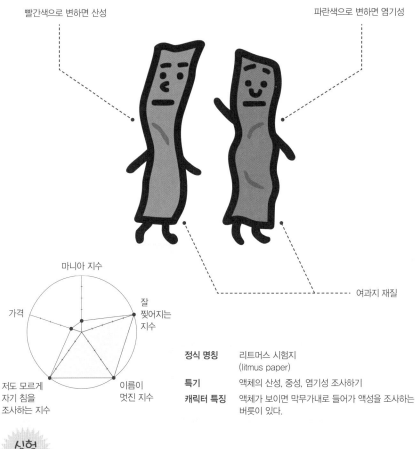

빨간색으로 변하면 산성

파란색으로 변하면 염기성

여과지 재질

마니아 지수

잘
찢어지는
지수

가격

이름이
멋진 지수

저도 모르게
자기 침을
조사하는 지수

정식 명칭 리트머스 시험지
(litmus paper)

특기 액체의 산성, 중성, 염기성 조사하기

캐릭터 특징 액체가 보이면 막무가내로 들어가 액성을 조사하는
버릇이 있다.

실험
동료들

비커 군
(다양한 액체)

pH 시험지 군과
케이스 군

pH 시험지 군과 케이스 군

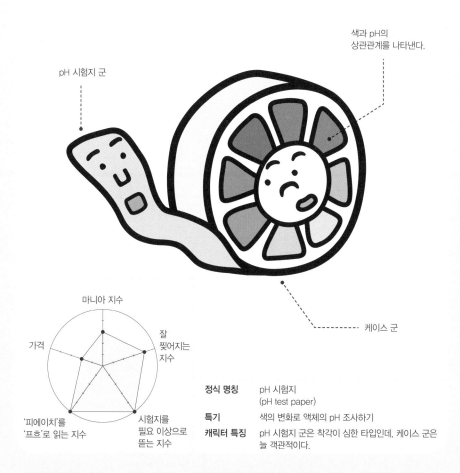

pH 시험지 군

색과 pH의
상관관계를 나타낸다.

케이스 군

마니아 지수

잘
찢어지는
지수

가격

'피에이치'를
'프흐'로 읽는 지수

시험지를
필요 이상으로
뜯는 지수

정식 명칭 pH 시험지
          (pH test paper)

특기 색의 변화로 액체의 pH 조사하기

캐릭터 특징 pH 시험지 군은 착각이 심한 타입인데, 케이스 군은
          늘 객관적이다.

pH 시험지의 대표인 리트머스 종이는 누구나 과학실험 시간에 사용해봤을 겁니다. 종이에 염색된 물질이 화공약품일 거라고 생각했는데, 실은 리트머스라는 이끼에서 추출한 색소라는군요(이것도 화학물질이긴 하지만요). 이 색소는 14세기 스페인의 어느 연금술사가 발견했다고 합니다.

살아 있는 생물에서 추출한 물질이므로 리트머스 종이의 유효기간은 약 3년입니다. 고온다습하거나 직사광선 아래 보관하면 유효기간이 더 짧아지겠죠. 당연히 먹어서도 안 됩니다.

막대온도계 군

정식 명칭 봉상온도계
(etched–stem type thermometer)

특기 온도 측정하기

캐릭터 특징 사투리를 쓴다.

마니아 지수

가격

잘
깨지는
지수

액체를 섞는 데
쓰면 안 되는 지수

데굴데굴
구르는 지수

안의 액체는
등유를 착색한 것

구부(球部)

디지털온도계 군

정식 명칭 디지털온도계
(digital thermometer)

특기 온도를 측정하고 디지털로
표시하기

캐릭터 특징 짓궂게 생겼지만 실제로는
무척 상냥하다.

마니아 지수

가격

잘
깨지는
지수

온도 센서를
땅에 꽂고 싶어지는 지수

측정 편리도

디지털 표시 부분

25.8℃

온도 센서 부분

백엽상 형님

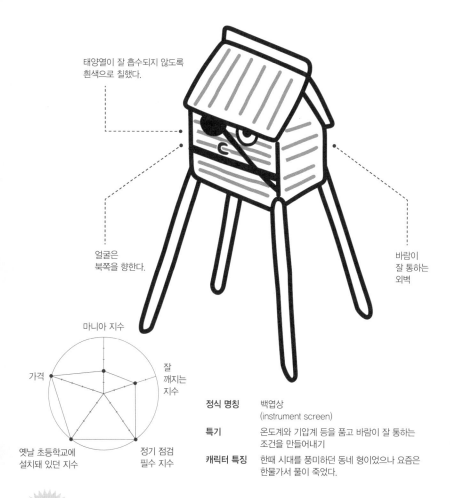

태양열이 잘 흡수되지 않도록
흰색으로 칠했다.

얼굴은
북쪽을 향한다.

바람이
잘 통하는
외벽

마니아 지수

가격

잘
깨지는
지수

옛날 초등학교에
설치돼 있던 지수

정기 점검
필수 지수

정식 명칭 백엽상
       (instrument screen)

특기 온도계와 기압계 등을 품고 바람이 잘 통하는
       조건을 만들어내기

캐릭터 특징 한때 시대를 풍미하던 동네 형이었으나 요즘은
       한물가서 풀이 죽었다.

실험
동료들

기압계 군

건습도계 군

분광광도계 군

정식 명칭　가시 자외선 분광광도계
(ultraviolet-visible
spectrophotometer)

특기　액체에 빛을 투과해 액체의
성질 조사하기

캐릭터 특징　난해한 이야기를 주절거리는
버릇이 있다.

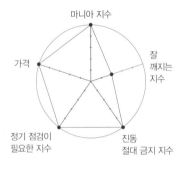

뚜껑을 열면 안쪽에
시료실이 있다.

우주인처럼 생긴 얼굴

석영 셀 군

정식 명칭　석영 셀
(quartz cell)

특기　액체를 넣고 분광광도계로
들어가기

캐릭터 특징　언제나 웃고 있다. 석영유리
비커 군과 절친

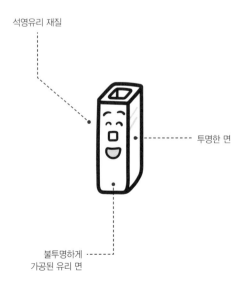

석영유리 재질

투명한 면

불투명하게
가공된 유리 면

나침반 아저씨

정식 명칭 나침반 (compass),
방위자석 (azimuth magnet)

특기 북쪽이 어느 방향인지 가리키기

캐릭터 특징 남의 고민을 잘 들어준다. 방향뿐
아니라 삶의 방향까지 지시해
준다.

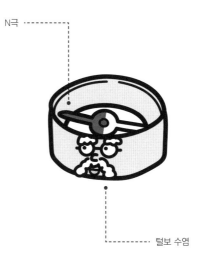

N극

털보 수염

마니아 지수

잘
고장 나는
지수

가격

자력 있는
물건을 가까이하면
안 되는 지수

영어 이름이
'컴퍼스'와
헷갈리는 지수

디지털 스톱워치 군과 아날로그 스톱워치 할아버지

정식 명칭 스톱워치
(stop watch)

특기 경과된 시간 측정하기

캐릭터 특징 순둥이 소년과 이를 흐뭇하게
바라보는 할아버지

아날로그 스톱워치
할아버지

디지털 표시 부분

디지털 스톱워치 군

마니아 지수

잘
고장 나는
지수

가격
(아날로그)

운동경기에도
쓰는 지수

물에 닿으면
안 되는 지수

고온은 어떻게 측정할까

　주위에 흔한 막대온도계를 '알코올온도계'라고 해요. 그 안에 든 빨간 액체는 알코올이 아니라 등유라는군요. 알코올의 끓는점은 70℃ 전후이므로 100℃ 정도를 측정하기는 어려워서 등유를 사용합니다. 하지만 등유도 200℃면 끓게 됩니다. 이 정도의 온도를 측정할 때는 수은온도계를 사용합니다. 실제로 수은온도계가 먼저 사용되었다고 해요(1714년 가브리엘 파렌하이트가 제작. 알코올온도계는 1730년 르네 레오뮈르가 제작).

　그럼 수은의 끓는점(약 357℃)보다 높은 온도는 어떻게 측정할까요? 첫 번째는 전기로 측정하는 방법입니다. 두 종류의 금속을 조합한 열전쌍이라는 도구를 사용하여 접점에서 발생하는 열기전력[열을 전류로 바꾸는 힘으로, 제베크 효과(Seebeck effect)라고 한다]을 측정합니다. 그 밖에 측온 저항체를 이용한 방법에서는 측정하려는 물체에 백금선 등을 접촉해 전기를 흐르게 한 다음 저항치를 계측하여 측정합니다. 금속의 전기저항이 온도에 따라 달라지는 원리를 이용한 것입니다.

　또 다른 방법으로는 적외선과 가시광선의 강도를 측정하여 온도로 환산하는 방사온도계가 있습니다. 최근에는 이 방식을 이용한 체온계와 소형 온도계를 많이 사용합니다. 물체와 직접 접촉하지 않고도 온도를 측정하는 것이 특징입니다.

　이건 제철소에서 근무하는 사람에게 들은 이야기인데요. 숙련된 달인들은 융해된 철의 색깔만 보고도 거의 오차가 크지 않은 정확도로 철의 온도를 알아맞힌답니다.

CHAPTER

난 깔때기라고 해.

여과하고 혼합하고
세척하는 친구들

이렇게 퍼내면 안 될까?

다 퍼낼 수 없으니까⋯ 여과가 특기인 친구들을 소개할게요.

액체 속 침전물을 분리하려면

침전물 생겼다~

침전물

여과를 해야 합니다.

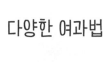

다양한 여과법

다음은 깔때기 양과 함께 여과를 하는 친구들이에요.

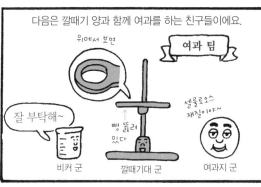

위에서 보면

여과 팀

잘 부탁해~

셀룰로오스 재질이야~

뻥 뚫려 있다

비커 군   깔때기대 군   여과지 군

먼저 제일 유명한 친구부터 소개할게요.

깔때기 양

여과하면 이렇게 침전물만 남아.

침전물

침전물이 든 액체

그럼 여과를 시작할까요.

깨끗한 액체가 들어온다~

깔때기 양에 끼우기!

준비 방법

4등분 접기

먼저 접기부터~

준비됐어⋯

원뿔 모양으로

주름 접기

이렇게 접는 법도 있어.

CHAPTER 4 여과하고 흡합하고 세척하는 친구들

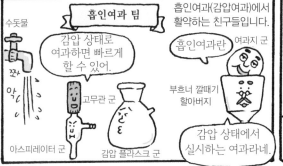

흡인여과 팀

수돗물

감압 상태로 여과하면 빠르게 할 수 있어.

흡인여과란

여과지 군

부흐너 깔때기 할아버지

고무관 군

감압 상태에서 실시하는 여과라네.

아스피레이터 군   감압 플라스크 군

흡인여과(감압여과)에서 활약하는 친구들입니다.

이런 깔때기도 있습니다.

부흐너 깔때기 할아버지

위에서 본 모습

안은 이렇게 구멍이 송송 뚫려 있어.

086

비커 군의 메모

▶ 분별깔때기의
뚜껑 군에는
홈이 있어.

실험을 시작했는데 여과지가 없는 경우가 꽤 많답니다. 이때 커피 여과지나 붓글씨용 종이를 대신 써볼까 하는 유혹에 빠지곤 하지요. 하지만 웬만해선 쓰지 않는 게 좋아요. 여과지는 평범한 종이처럼 보이지만, 실은 결이 매우 균일하고 미세하며 고도의 기술이 집약된 결정체랍니다. 참고로 여과 도중 성급하게 유리막대로 톡톡 건드리면 여과지 가운데가 찢어져 여과액이 쏟아지면서 그때까지의 수고가 물거품이 될 때가 있어요.

깔때기 양

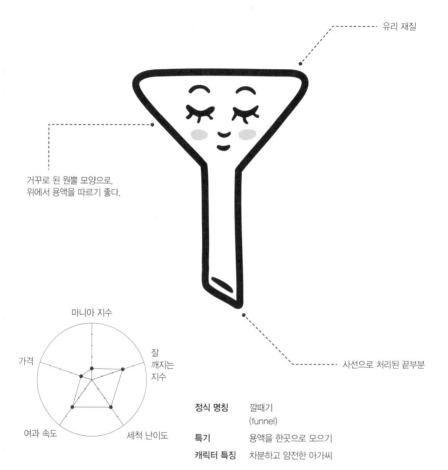

유리 재질

거꾸로 된 원뿔 모양으로,
위에서 용액을 따르기 좋다.

사선으로 처리된 끝부분

마니아 지수

잘
깨지는
지수

가격

여과 속도

세척 난이도

정식 명칭	깔때기 (funnel)
특기	용액을 한곳으로 모으기
캐릭터 특징	차분하고 얌전한 아가씨

실험
동료들

깔때기대 군

여과지 군

세척병 군

깔때기대 군

정식 명칭   깔때기대
(funnel stand)

특기   깔때기를 구멍에 끼워 고정하기

캐릭터 특징   생각을 깊게 하지 않는다.

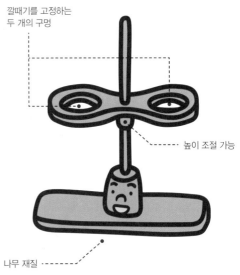

깔때기를 고정하는
두 개의 구멍

높이 조절 가능

나무 재질

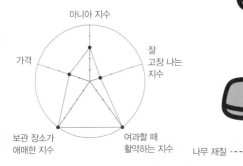

마니아 지수

잘
고장 나는
지수

가격

보관 장소가
애매한 지수

여과할 때
활약하는 지수

여과지 군

정식 명칭   여과지
(filter paper)

특기   액체에서 불순물 제거하기

캐릭터 특징   침전물 때문에 더러워지기
일쑤지만 이 일에 자부심이 있다.

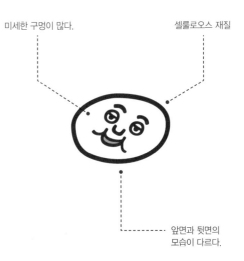

미세한 구멍이 많다.

셀룰로오스 재질

앞면과 뒷면의
모습이 다르다.

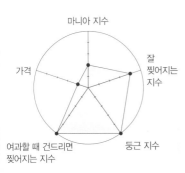

마니아 지수

잘
찢어지는
지수

가격

여과할 때 건드리면
찢어지는 지수

둥근 지수

분별깔때기 여사와 뚜껑 군

공기를 빼는 구멍

콕을 끼우는 부분

분별깔때기의
공기구멍에 맞추는 홈

마니아 지수

가격

잘
깨지는
지수

실험에서 흔들 때
뚜껑을 눌러야 하는 정도

세척 난이도

정식 명칭	분별깔때기 (separating funnel)
특기	액체를 분리해 추출하기
캐릭터 특징	까다로운 분별깔때기 여사와 매사에 소심한 뚜껑 군

실험
동료들

깔때기대 군

깔때기용 콕 군

* 액체-액체추출. 추출 조작 중 액체 혼합물의 원액에 용제를 작용시켜 혼합물에 있는 특정 물질을 다른 물질에서 분리하는 조작

적하깔때기 형

정식 명칭 적하깔때기
(dropping funnel)

특기 액체를 조금씩 떨어뜨리기

캐릭터 특징 근면, 성실하다.

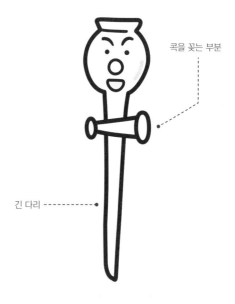

콕을 꽂는 부분

긴 다리

마니아 지수

가격

잘
깨지는
지수

콕이 없으면
무용지물인 지수

세척 난이도

깔때기용 콕 군

정식 명칭 콕
(stop cock)

특기 적하깔때기와 분별깔때기에서
나오는 액체의 양 조절하기

캐릭터 특징 무슨 일이 일어나면 바로 도망
치는 버릇이 있다.

손잡이 부분

액체 통과용 구멍이 있다.

마니아 지수

가격

잘
깨지는
지수

좌우 양쪽을
잡고 돌려야 하는 지수

빡빡해져서
잘 안 돌아가는
지수

부흐너 깔때기 할아버지

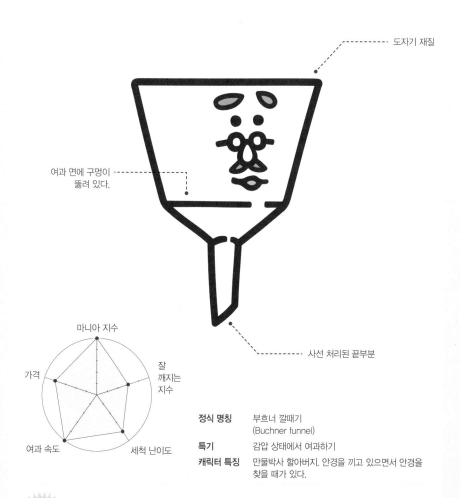

도자기 재질

여과 면에 구멍이
뚫려 있다.

사선 처리된 끝부분

마니아 지수

잘
깨지는
지수

가격

여과 속도

세척 난이도

정식 명칭	부흐너 깔때기 (Buchner funnel)
특기	감압 상태에서 여과하기
캐릭터 특징	만물박사 할아버지. 안경을 끼고 있으면서 안경을 찾을 때가 있다.

실험
동료들

감압 플라스크 군

여과지 군

아스피레이터 군과
고무관 군

감압 플라스크 군

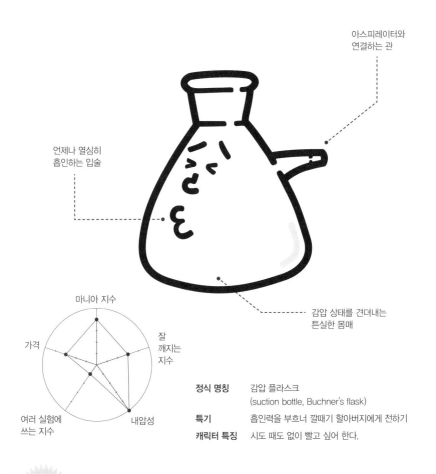

아스피레이터와
연결하는 관

언제나 열심히
흡인하는 입술

감압 상태를 견뎌내는
튼실한 몸매

마니아 지수

가격

잘
깨지는
지수

여러 실험에
쓰는 지수

내압성

정식 명칭   감압 플라스크
(suction bottle, Buchner's flask)

특기   흡인력을 부흐너 깔때기 할아버지에게 전하기

캐릭터 특징   시도 때도 없이 빨고 싶어 한다.

실험
동료들

부흐너 깔때기
할아버지

아스피레이터 군과
고무관 군

아스피레이터 군과 고무관 군

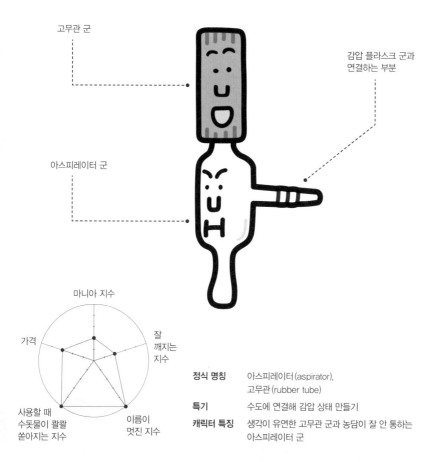

고무관 군

감압 플라스크 군과
연결하는 부분

아스피레이터 군

마니아 지수

가격

잘
깨지는
지수

사용할 때
수돗물이 콸콸
쏟아지는 지수

이름이
멋진 지수

정식 명칭	아스피레이터(aspirator), 고무관(rubber tube)
특기	수도에 연결해 감압 상태 만들기
캐릭터 특징	생각이 유연한 고무관 군과 농담이 잘 안 통하는 아스피레이터 군

흡인식 여과기는 대부분의 대학 실험실에 비치되어 있습니다. 미세 입자들이 혼합된 용액을 보통 여과기로 여과하면 몇십 분은 기본이고 몇 시간이 걸릴 수도 있습니다. 여과액도 계속 따라 줘야 하지요. 그런데 흡인식 여과기로 여과하면 금방 끝납니다. 발명자인 독일 화학자 에른스트 부흐너 그리고 수도로 쉽게 감압 상태를 만들어주는 아스피레이터, 정말 고마워!
참고로 흔히 사용되는 흡인식 깔때기에는 부흐너 깔때기와 기리야마(桐山) 깔때기가 있습니다. 부흐너 깔때기는 구멍이 여러 개여서 세척하기 번거롭지만, 실험이 빨리 끝나니 불평은 안 할게요…(그러는 저는 구멍이 하나여서 편한 기리야마 깔때기를 구입했어요. 부흐너 씨 죄송해요!).

이때 활약하는 친구가

유리막대 군

수용액을 만들려면 용액을 섞어야 하는데요.

누가 좀 섞어주라~

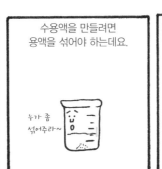

혼합하다

③ 그대로 책상에 올려놓으면 안 돼~!

② 시험관에 쓰지 않는다. (바닥이 뚫릴 위험이 있다)

주의사항

① 비커 벽에 부딪히지 않게 젓는다.

획획

준비됐니?

됐어.

이어서 이 친구

마그네틱바 군들

자기 교반기 군

이 친구들은 어떻게 섞느냐면…

유리막대 군은 몇 가지 특기가 있습니다.

액체를 리트머스종이 군에 묻힌다.

오, 염기성

톡

액체를 전달한다(여과 등).

자기 교반기 군의 안은 이렇습니다.

모터의 힘으로 자석이 회전

스위치 ON!!

자석

회전 속도를 조절할 수 있어.

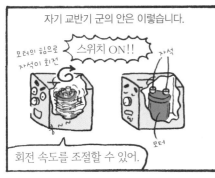

스위치 ON!!

사악~~

빙글빙글

뷔잉~

마그네틱바 군의 회전이 액체를 섞는 힘으로 작용해요.

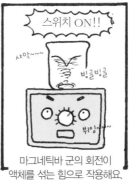

마그네틱바를 투입하고 풍덩

자기 교반기 군 위에

올려놓고…

비커 군의 메모

▶ 마그네틱바는
여러 종류가 있어.

마그네틱바는 가격이 저렴해서 중고등학생들도 용돈으로 충분히 여러 종류를 수집할 수 있습니다. 반면 교반기 본체는 가장 저렴한 것부터 가열 기능을 더한 것까지, 비교적 비쌉니다. 교반기의 작동 원리는 내부에서 자석이 회전하는 것뿐이라, 흔히들 직접 만들고 싶어 하지요. 하지만 직접 만든 교반기는 아무래도 내구성이 불안합니다. 오랫동안 옆에서 작동을 지켜봐야 하는 등 주객이 전도되기 쉽습니다.

마그네틱바 군들

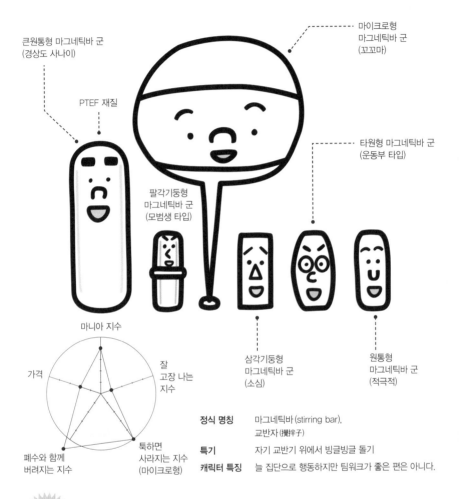

마이크로형
마그네틱바 군
(꼬꼬마)

큰원통형 마그네틱바 군
(경상도 사나이)

PTEF 재질

타원형 마그네틱바 군
(운동부 타입)

팔각기둥형
마그네틱바 군
(모범생 타입)

삼각기둥형
마그네틱바 군
(소심)

원통형
마그네틱바 군
(적극적)

마니아 지수

가격

잘
고장 나는
지수

폐수와 함께
버려지는 지수

툭하면
사라지는 지수
(마이크로형)

정식 명칭　마그네틱바 (stirring bar),
　　　　　　교반자 (攪拌子)
특기　　　자기 교반기 위에서 빙글빙글 돌기
캐릭터 특징　늘 집단으로 행동하지만 팀워크가 좋은 편은 아니다.

실험
동료들

비커 군　　　　자기 교반기 군

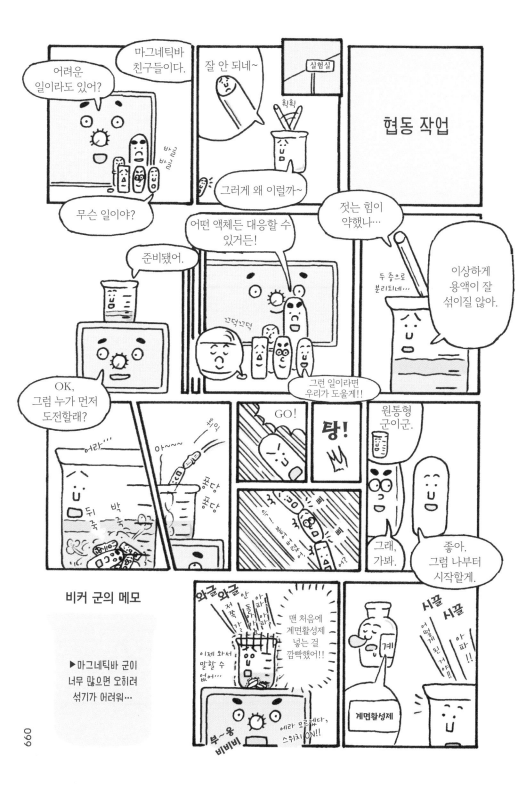

자기 교반기 군

정식 명칭   자기 교반기
(magnetic stirrer)

특기   자기력으로 마그네틱바
회전시키기

캐릭터 특징   스위치를 켜면 눈썹이 올라간다.

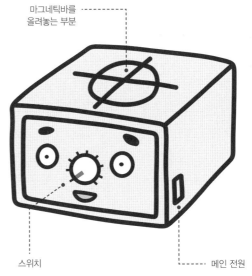

마그네틱바를
올려놓는 부분

스위치

메인 전원

유리막대 군

정식 명칭   유리막대
(glass rod)

특기   액체를 휘저어 혼합하기

캐릭터 특징   작은 얼굴이 매력 포인트

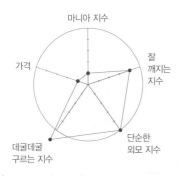

유리 재질

유발 군과 유봉 군

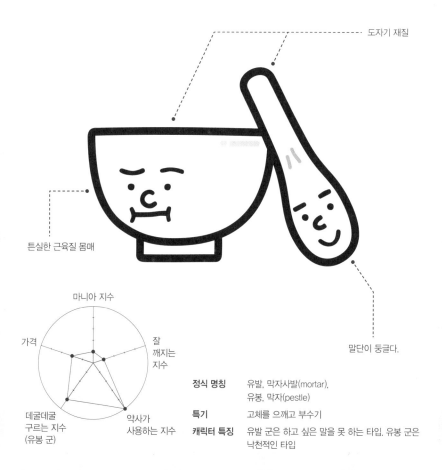

도자기 재질

튼실한 근육질 몸매

말단이 둥글다.

마니아 지수

가격

잘 깨지는 지수

데굴데굴 구르는 지수 (유봉 군)

약사가 사용하는 지수

정식 명칭	유발, 막자사발(mortar), 유봉, 막자(pestle)
특기	고체를 으깨고 부수기
캐릭터 특징	유발 군은 하고 싶은 말을 못 하는 타입. 유봉 군은 낙천적인 타입

유발과 유봉은 화학실험에 자주 쓰입니다. 고체 상태 시약들은 대부분 분말이지만 재결정이나 증발 건고(evaporation to dryness)*한 침전물을 또 용해하려면 유발, 유봉이 꼭 필요해요. 입자를 더 미세하게 갈 때는 비싼 유리 유발과 유봉을 사용합니다. 미세하게 간 입자를 훨씬 더 미세하게 만들 때는 마노 유발을 사용합니다. 매우 비싼 데다 모양이 아주 예뻐서 집에 가져가 장식하고 싶어질 정도랍니다. 한편 암석 등 큰 덩어리를 분쇄할 때는 철제 유발과 유봉을 사용하는데, 크기가 무척 커서 보통 수납장의 맨 아래에 보관하고는 합니다.

* 용액 또는 액체를 함유하는 물질에서 액체 등을 증발시켜 건조한 고체를 남기는 것

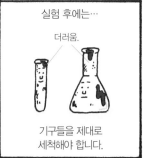

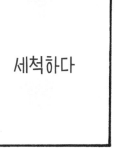

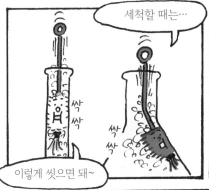

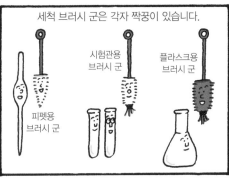

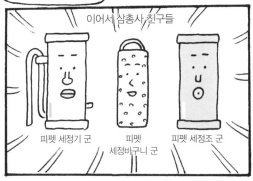

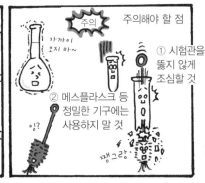

비커 군의 메모

▶ 메스플라스크 양은
세척 브러시 군을
싫어해.

실험실의 싱크대 구석에 덩치 큰 피펫 세정기가 번쩍번쩍 빛나는 광경을 종종 볼 수 있습니다. 세정기가 오래되면 수도관을 연결하는 고무호스가 낡아 조각이 떨어져나가면서 피펫 안으로 들어가 구멍을 막아버리곤 합니다. 이렇게 되면 세정기를 세척해야 하니 번거로운 탓에 쓰지 않다가 그대로 방치하게 돼요. 호스는 되도록 낡기 전에 빨리 교체합시다.

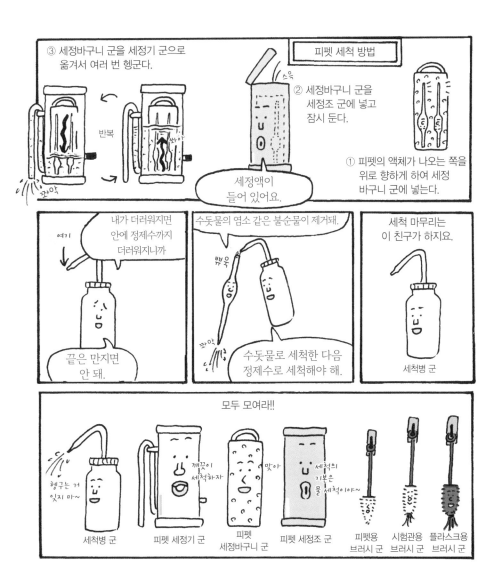

비커 군의 메모

▶ 세척병 군의 끝부분은 손으로 만지면 안 돼.

세척병에는 대개 물을 넣지만 유기화학 실험실에서는 아세톤이나 에탄올 등의 유기용매를 넣기도 합니다. 시험관이나 플라스크 유리에 달라붙은 유기물을 씻어내기 위해서입니다. 물이 든 세척병과 구분하기 위해 크게 '아세톤'이라고 써놓는데, 시간이 지나면 글씨가 유기용매로 지워지기도 해요. 그래서 유기용매는 전용 세척병을 사용하는 것이 좋습니다. 참고로 아세톤이 든 세척병으로 물총놀이를 하면 매우 위험하니 절대 하지 마세요.

세척 브러시 군들

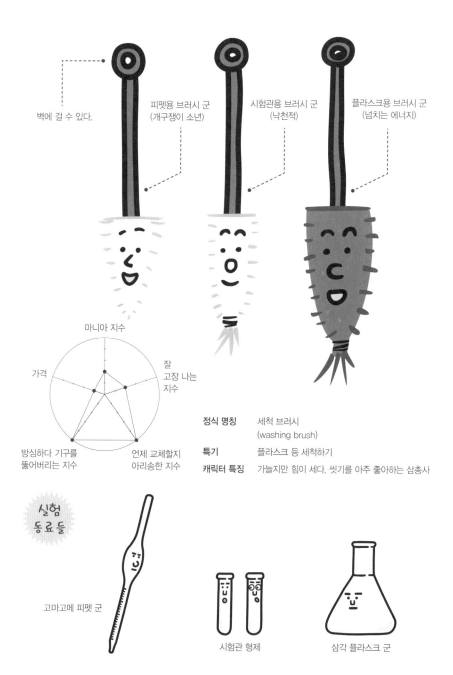

벽에 걸 수 있다.

피펫용 브러시 군
(개구쟁이 소년)

시험관용 브러시 군
(낙천적)

플라스크용 브러시 군
(넘치는 에너지)

마니아 지수

가격

잘
고장 나는
지수

방심하다 기구를
뚫어버리는 지수

언제 교체할지
아리송한 지수

정식 명칭   세척 브러시
(washing brush)

특기   플라스크 등 세척하기

캐릭터 특징   가늘지만 힘이 세다. 씻기를 아주 좋아하는 삼총사

실험
동료들

고마고메 피펫 군

시험관 형제

삼각 플라스크 군

피펫 세정 삼총사

정식 명칭   피펫 세정기 세트
               (pipette washer set)

특기   피펫 세척하기

캐릭터 특징   세정조 군과 세정기 군이 가끔
싸우는데 세정바구니 군이 화해
시켜 언제 그랬냐는 듯이 다시
친해진다.

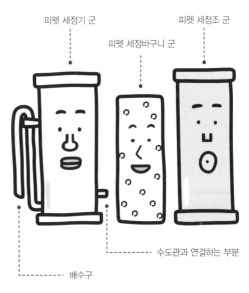

마니아 지수
가격
잘 고장 나는 지수
세척 과정 구경이 지루하지 않은 지수
피펫 끝부분을 아래로 하면 안 되는 지수

피펫 세정기 군
피펫 세정바구니 군
피펫 세정조 군
배수구
수도관과 연결하는 부분

세척병 군

정식 명칭   세척병
               (washing bottle)

특기   물 등으로 기구 헹구기

캐릭터 특징   깔끔한 걸 좋아한다.

마니아 지수
가격
잘 망가지는 지수
끝부분을 만지면 안 되는 지수
싱크대 바로 옆에 놓는 지수

내용물을 바꿀 수 있다.
물 등을 뿌릴 수 있는 끝부분

세척에 얽힌 일화들

　실험이 끝나면 실험기구를 꼭 세척해야 합니다. 100개가 넘는 시험관을 씻고 있으면 도중에 멍해지면서 시험관 한두 개는 꼭 깨뜨리고 말지요.

　세척에도 규칙이 있습니다. 브러시로 시험관 바닥을 뚫지 않도록 세척을 시작하기 전 브러시 잡는 길이를 정한다, 플라스크를 씻을 때는 브러시 손잡이를 구부린다(처음부터 구부러진 브러시도 있다) 등은 아마 실험실에서 가장 먼저 배우는 세척 규칙일 것입니다.

　그 외에도 비커는 먼저 밑바닥 바깥쪽부터 세척한다 등이 있는데요. 이유는 가장 닦기 쉬운 부분부터 깨끗이 씻어서 잘 닦였는지를 확인하기 위해서랍니다. 밑바닥이 잘 닦였으면 이번에는 바깥 면을 꼼꼼하게 세척하고 이후 안쪽 면을 닦습니다. 이처럼 순서를 정해야 오염이 남은 부분이 안쪽 면인지 바깥 면인지 헷갈려서 또다시 세척하는 번거로움을 방지할 수 있습니다.

　세척에 필요한 브러시의 품질도 매우 중요합니다. 저렴한 브러시는 털이 잘 빠져서 결국 앙상한 철사만 남기도 해요. 그러면 세척하기 어려울 뿐만 아니라 싱크대가 막혀버리는 문제까지 발생합니다. 실제 경험담입니다.

　의외로 요긴한 것이 주방용 세척 브러시인데 비커를 세척할 때 특히 유용합니다. 단, 브러시 끝의 스펀지가 더러워지면 씻다가 오히려 비커가 더 더러워지기도 하니까 조심하시길.

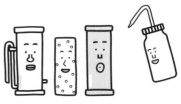

CHAPTER

5

분젠버너 군에게
지지 않을 거야...

가열하고 냉각하는 친구들

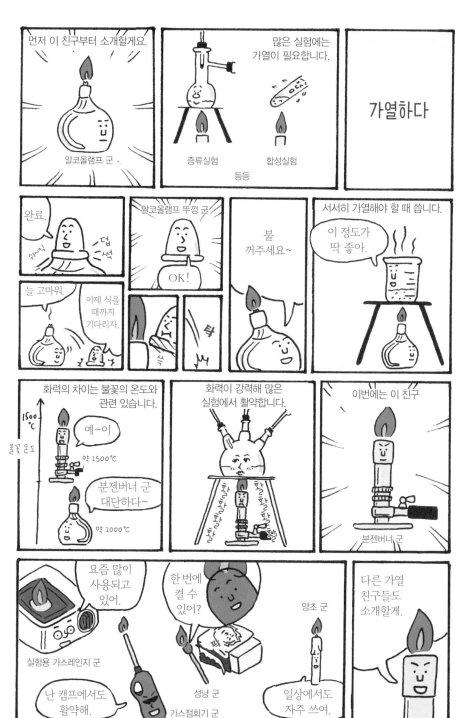

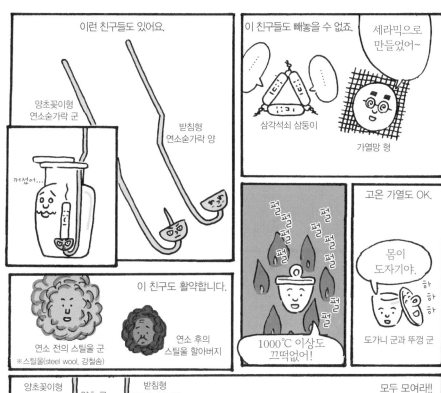

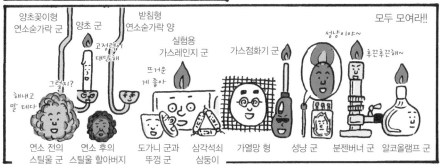

비커 군의 메모

▶ 분젠버너 군의
불꽃은 1500℃,
엄청 뜨거워!

최근 복고가 유행하면서 알코올램프가 인기를 끌고 있습니다. 알코올램프를 사용할 때는 알코올을 충분히 주입하는 것이 좋습니다. 양이 적으면 불꽃의 열기로 본체가 깨질 수 있기 때문이에요. 참고로 실험을 촬영할 때 알코올에 염화나트륨(소금)을 약간 넣으면, 평소 어두워서 잘 보이지 않는 불꽃이 노란색을 띠어 (소듐 불꽃반응) 잘 관찰할 수 있다는군요.

알코올램프 군과 뚜껑 군

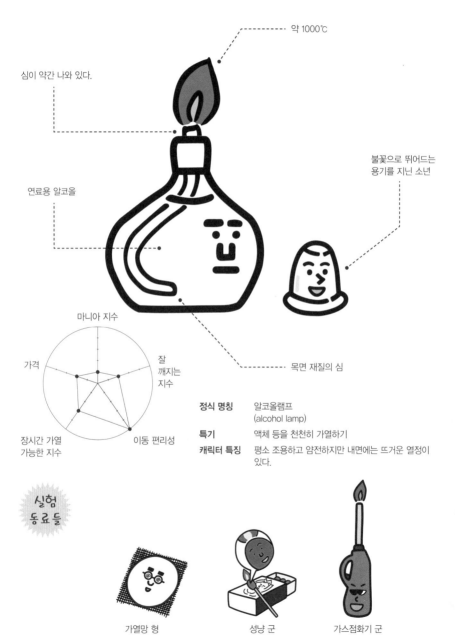

약 1000℃

심이 약간 나와 있다.

불꽃으로 뛰어드는
용기를 지닌 소년

연료용 알코올

마니아 지수

가격

잘
깨지는
지수

장시간 가열
가능한 지수

이동 편리성

목면 재질의 심

정식 명칭　알코올램프
　　　　　　(alcohol lamp)

특기　　　액체 등을 천천히 가열하기

캐릭터 특징　평소 조용하고 얌전하지만 내면에는 뜨거운 열정이
　　　　　　있다.

실험
동료들

가열망 형

성냥 군

가스점화기 군

분젠버너 군

정식 명칭 분젠버너
(Bunsen burner, gas burner)

특기 액체 등을 강한 불로 가열하기

캐릭터 특징 외모처럼 뜨거운 열정의 소유자

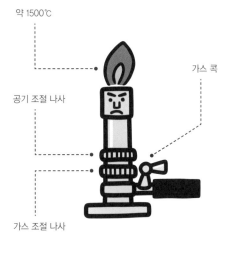

약 1500℃

가스 콕

공기 조절 나사

가스 조절 나사

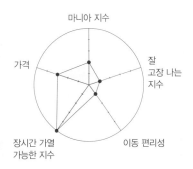

마니아 지수

가격

잘
고장 나는
지수

장시간 가열
가능한 지수

이동 편리성

가스점화기 군

정식 명칭 가스점화기
(gas lighter, electronic match)

특기 불붙이기

캐릭터 특징 남에게 부탁받는 걸 매우 좋아
한다.

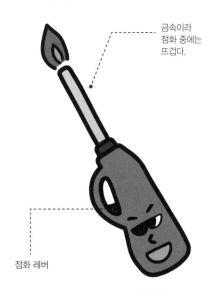

금속이라
점화 중에는
뜨겁다.

점화 레버

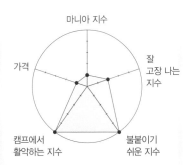

마니아 지수

가격

잘
고장 나는
지수

캠프에서
활약하는 지수

불붙이기
쉬운 지수

성냥 군

정식 명칭   성냥
(match)

특기   마찰로 불붙이기

캐릭터 특징   뜨겁게 불타는 머리와 다르게
언제나 냉철한 가슴

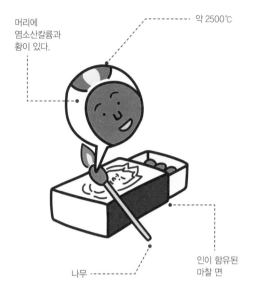

머리에
염소산칼륨과
황이 있다.

약 2500℃

나무

인이 함유된
마찰 면

양초 군

정식 명칭   양초
(candle)

특기   불 밝히기

캐릭터 특징   양초꽂이형 연소숟가락 군의
짝꿍

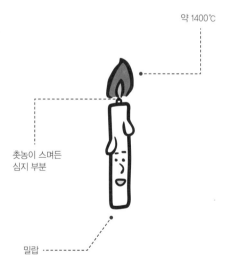

약 1400℃

촛농이 스며든
심지 부분

밀랍

실험용 가스레인지 군

정식 명칭   실험용 가스레인지
(experimental gas stove)

특기   불붙이기

캐릭터 특징   별로 깊게 생각하지 않는다.

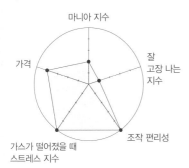

약 1700℃

휴대용 부탄가스가
들어 있다.

화력 조절 레버

가열망 형

정식 명칭   가열망
(wire gauge)

특기   가열할 때 세라믹으로 열을
균일하게 분산하기

캐릭터 특징   눈이 나빠질 정도로 열심히
공부하는 모범생

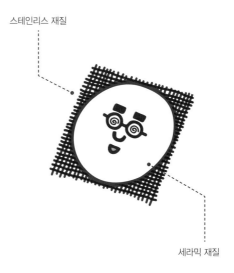

스테인리스 재질

세라믹 재질

삼각석쇠 삼둥이

정식 명칭　삼각석쇠 삼둥이
　　　　　　 (triangular support)

특기　도가니를 위에 올리기

캐릭터 특징　늘 서로를 지지하는 우애 좋은
　　　　　　　 삼둥이

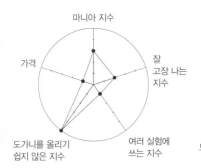

마니아 지수
가격
잘 고장 나는 지수
도가니를 올리기 쉽지 않은 지수
여러 실험에 쓰는 지수

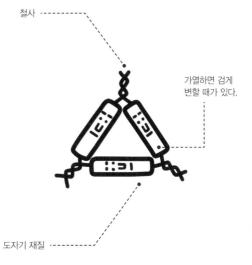

철사

가열하면 검게 변할 때가 있다.

도자기 재질

도가니 군과 뚜껑 군

정식 명칭　도가니
　　　　　　 (crucible)

특기　1000℃의 고온에도 견디기

캐릭터 특징　죽이 잘 맞는 두 친구.
　　　　　　　 둘 다 뜨거운 게 뭔지 잘 모른다.

마니아 지수
가격
잘 깨지는 지수
삼각석쇠 삼둥이에 설치하기 어려운 지수
내열성

뚜껑 군을 집는 손잡이

도자기 재질

양초꽂이형 연소숟가락 군

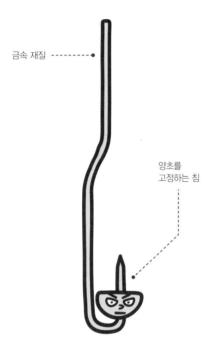

금속 재질 ------•

양초를
고정하는 침

정식 명칭	양초꽂이형 연소숟가락 (candlestick type combustion spoon)
특기	양초를 꽂아 태우기
캐릭터 특징	머리에 난 뿔이 매력 포인트

마니아 지수

가격

잘
고장 나는
지수

실험 중 손을
놓을 수 없는 지수

양초 고정도

받침형 연소숟가락 양

금속 재질 ------•

시약 등을
넣는 접시

정식 명칭	받침형 연소숟가락 (dished combustion spoon)
특기	소량의 시료 태우기
캐릭터 특징	양초꽂이형 연소숟가락 군에게 호감이 있다.

마니아 지수

가격

잘
고장 나는
지수

실험 중 손을
놓을 수 없는 지수

그을음이
달라붙는 지수

연소 전 스틸울 군과 연소 후 스틸울 할아버지

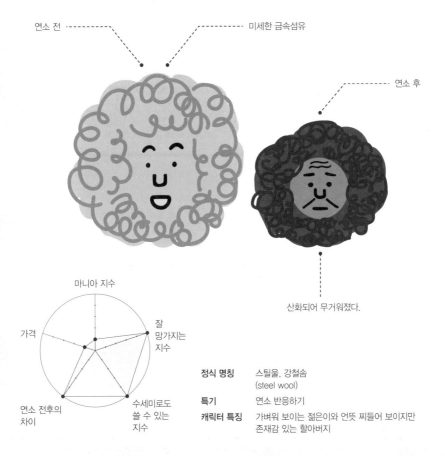

연소 전 ········· ·········· 미세한 금속섬유

연소 후

산화되어 무거워졌다.

마니아 지수

가격

잘
망가지는
지수

연소 전후의
차이

수세미로도
쓸 수 있는
지수

정식 명칭	스틸울, 강철솜 (steel wool)
특기	연소 반응하기
캐릭터 특징	가벼워 보이는 젊은이와 언뜻 찌들어 보이지만 존재감 있는 할아버지

버너 등으로 가열할 때 사용하는 가열망은 플라스크 등을 지탱하기도 하지만, 더 중요한 목적은 화력을 균일하게 해 돌비현상을 방지하고 부분가열로 인한 기구의 열 파손을 방지하는 것입니다. 간단해 보이지만 매우 중요해요.

하얀 부분은 세라믹인데, 예전에는 대표적 내열 재료인 석면을 주로 사용했습니다. 이름도 '석면 망'이었죠. 그런데 석면의 발암 문제 때문에 지금은 대부분 세라믹으로 바뀌었습니다. 가끔 오래된 실험실 서랍에서 우연히 석면 망이 발견되기도 해요. 얼핏 보면 똑같으니 세라믹과 혼동하지 않도록 주의하세요.

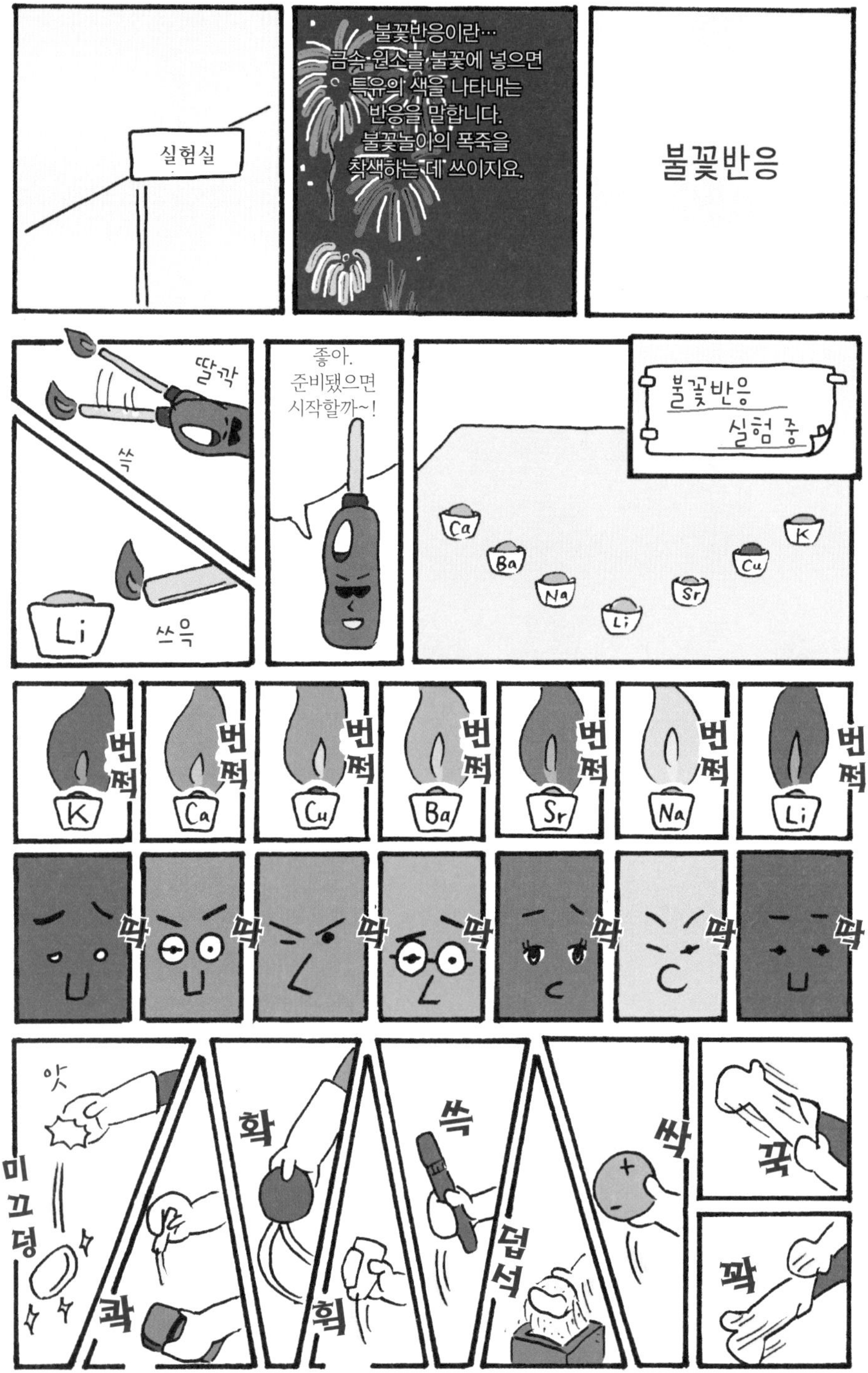
실험실
불꽃반응이란…
금속 원소를 불꽃에 넣으면
특유의 색을 나타내는
반응을 말합니다.
불꽃놀이의 폭죽을
착색하는 데 쓰이지요.
불꽃반응
딸깍
쓱
Li
쓰윽
좋아.
준비됐으면
시작할까~!
불꽃반응
실험 중
Ca
Ba
Na
Li
Sr
Cu
K
번쩍
K
번쩍
Ca
번쩍
Cu
번쩍
Ba
번쩍
Sr
번쩍
Na
번쩍
Li
딱
딱
딱
딱
딱
딱
딱
앗
미끄덩
콱
확
휙
쓱
덥석
싹
꾹
꽉

※ Ca = 칼슘, Ba = 바륨, Na = 소듐(나트륨), Li = 리튬, Sr = 스트론튬, Cu = 구리, K = 포타슘(칼륨)

비커 군의 메모

▶불꽃반응에서
보라색(K)이 손에
든 건 비누야.

불꽃반응은 색이 아름다워 매우 인기 있는 실험입니다. 이때의 색은 금속 원소의 열에너지에 의한 발광이므로 시료가 모두 연소해 소멸하는 일은 없습니다. 아주 적은 시료로도 오랫동안 관찰할 수 있지요. 참고로 불꽃반응의 색은 화학 시험에 잘 나오는 문제이기도 하니, 외워두는 게 좋습니다.

Ba → 황록색, Cu → 청록색, Ca → 주황색, Sr → 진한 빨간색, Li → 빨간색, Na → 노란색, K → 보라색.

* 불꽃반응을 의미하는 Flame Reaction의 줄임말

불꽃반응 7인조(FR7) - 빨간색

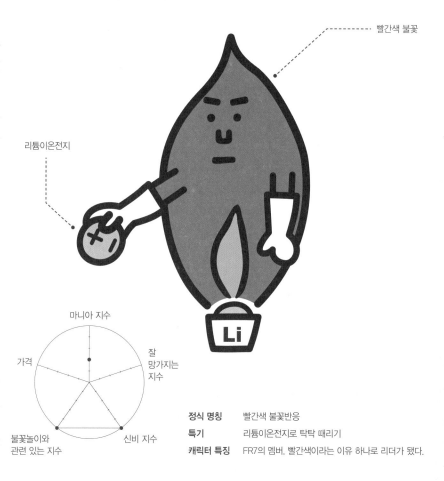

빨간색 불꽃

리튬이온전지

마니아 지수

가격

잘 망가지는 지수

불꽃놀이와 관련 있는 지수

신비 지수

정식 명칭	빨간색 불꽃반응
특기	리튬이온전지로 탁탁 때리기
캐릭터 특징	FR7의 멤버. 빨간색이라는 이유 하나로 리더가 됐다.

실험 동료들

분젠버너 군

가스점화기 군

불꽃반응 7인조 (FR7) - 진한 빨간색·노란색·주황색·보라색·황록색·청록색

**불꽃반응
보라색**

특기   고체비누로 적을 미끄러지게 하기

캐릭터 특징   멤버 중 가장 얌전하다.

**불꽃반응
진한 빨간색**

특기   발연통으로 동료 호출하기

캐릭터 특징   멤버 중 홍일점

**불꽃반응
황록색**

특기   조영제가 들어간 컵을 보여주며
적에게 불쾌감 주기

캐릭터 특징   멤버 중 가장 머리가 좋다.

**불꽃반응
노란색**

특기   소금을 뿌려 적을 물리치기

캐릭터 특징   멤버 중 힘이 가장 세다.

**불꽃반응
청록색**

특기   동메달 휘두르기

캐릭터 특징   멤버 중 가장 용맹하다.

**불꽃반응
주황색**

특기   분필을 던져 적을 공격하기

캐릭터 특징   멤버 중 제일 시끄럽다.

비커 군의 메모

▶ 질소가스 군 속에서는
   불꽃이 꺼져버려.

FR7 ②

123

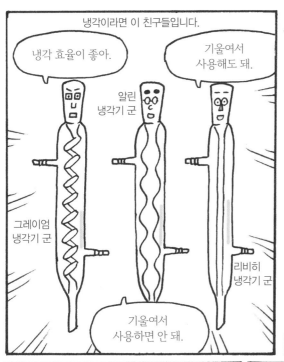

냉각이라면 이 친구들입니다.

냉각 효율이 좋아.

기울여서 사용해도 돼.

알린 냉각기 군

그레이엄 냉각기 군

리비히 냉각기 군

기울여서 사용하면 안 돼.

냉각하다

가열이 있으면 냉각도 있지요.

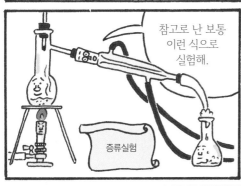

참고로 난 보통 이런 식으로 실험해.

증류실험

난 독일 화학자 리비히가 발명했어.

유스투스 폰 리비히
(Justus von Liebig, 1803~1873)

전체로 물을 보낼 수 있으니 완벽한 냉각이 가능해.

관 전체로 물을 보낼 수 없어…

만약 위에서 아래 방향이면…

OK

NG

'아래에서 위'는 우리도 마찬가지야.

냉각수 아래에서 위 방향이면…

냉각할 때는 주의사항이 있어.

꼭 '아래에서 위'로 냉각해야 해.

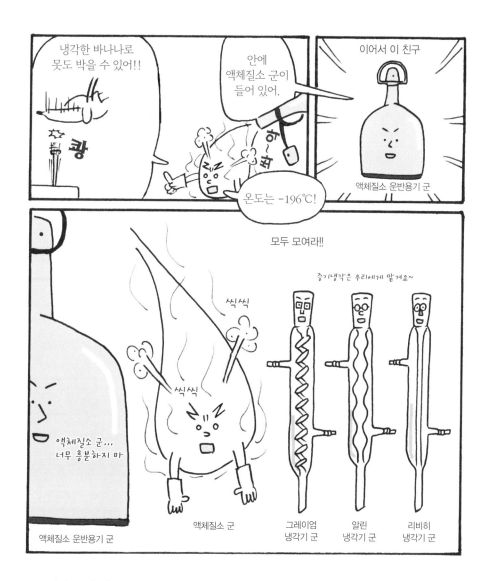

비커 군의 메모

▶ 냉각기 군에 물을
주입할 때는
아래에서 위로.

유리 기구는 외양이 매우 화려합니다. 특히 이중 유리관인 냉각기는
외모가 섬세해서 단연 으뜸입니다. 안쪽 내관이 나선형인 그레이엄
냉각기나 딤로드 환류 냉각기는 넋을 잃고 바라보게 되지요. 반면 단
점도 있습니다. 나선형이라 무거운 탓에 약간의 충격에도 내관이 쉽
게 부러져요. 그렇게 되면 더는 실험기구로 쓸 수 없으니 실험실 곳
곳에 장식품으로 남기도 합니다. 비쌌던 만큼 쉽게 버리지 못하는
이유도 한몫하고요.

리비히 냉각기 군

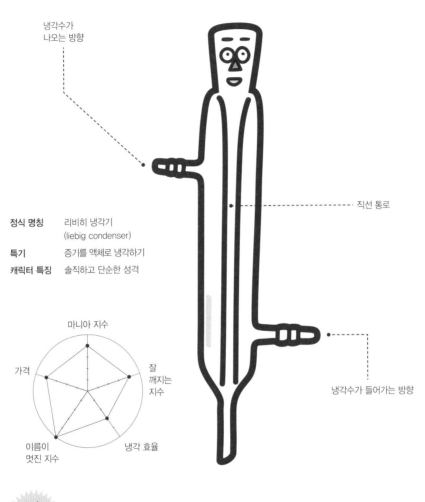

냉각수가
나오는 방향

직선 통로

정식 명칭   리비히 냉각기
(liebig condenser)

특기   증기를 액체로 냉각하기

캐릭터 특징   솔직하고 단순한 성격

냉각수가 들어가는 방향

마니아 지수

가격

잘
깨지는
지수

이름이
멋진 지수

냉각 효율

실험
동료들

가지달린 플라스크 군

양개 클램프 군

실험스탠드 군

그레이엄 냉각기 군

알린 냉각기 군

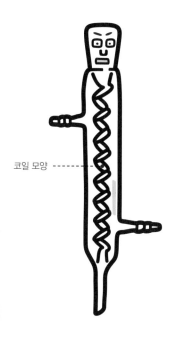

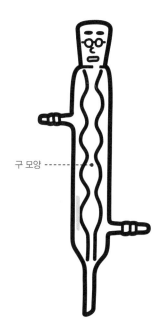

코일 모양 ----

구 모양 ----

정식 명칭	그레이엄 냉각기 (graham condenser)
특기	증기를 액체로 냉각하기
캐릭터 특징	금방 뜨거워졌다가 금방 식어버린다.

정식 명칭	알린 냉각기 (allihn condenser)
특기	증기를 액체로 냉각하기
캐릭터 특징	'알린'이라는 이름을 좋아한다.

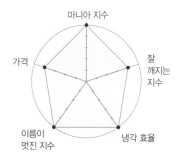

액체질소 군

정식 명칭   액체질소
(liquid nitrogen)

특기   물질이나 공간 냉각하기

캐릭터 특징   끓는점이 매우 낮아서 쉽게
흥분하고 화를 낸다.

마니아 지수

잘
사라지는
지수

가격

밀폐된 공간에서
실험하면 안 되는 지수

절대 맨손으로
만지면 안 되는 지수

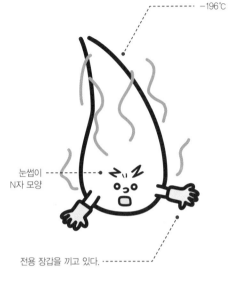

−196℃

눈썹이
N자 모양

전용 장갑을 끼고 있다.

액체질소 운반용기 군

정식 명칭   액체질소 운반용기
(liquid nitrogen
transportation container)

특기   액체질소를 넣어 보관하기

캐릭터 특징   화난 액체질소 군을 늘 달래고
있다.

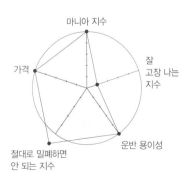

마니아 지수

잘
고장 나는
지수

가격

운반 용이성

절대로 밀폐하면
안 되는 지수

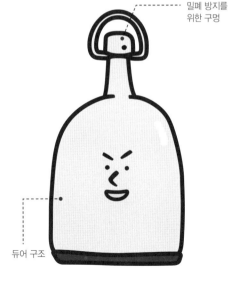

밀폐 방지를
위한 구멍

듀어 구조

위대한 분젠버너

가스관에 연결해 실험기구를 가열하는 버너가 분젠버너입니다. 위아래의 두 조절 나사를 돌려 가스의 양(아래쪽 조절 나사)과 공기의 양(위쪽 조절 나사)을 조절해요. 처음에는 그 구조가 궁금해서 누구나 분해해보곤 합니다(안 한다고 요?). 그리고 그 단순한 구조에 깜짝 놀라기도 하지요.

분젠버너의 탄생에는 여러 설이 있습니다. 하나는 독일의 화학자 로베르트 분 젠(Robert Wilhelm von Bunsen)이 기존의 버너를 개량하여 개발했다는 설과 영국 화학자 험프리 데이비(Humphry Davy)와 당시 그의 조수였던 마이클 패 러데이(Michael Faraday)가 설계하고 훗날 패러데이가 개량했다는 설입니다.

분젠버너는 가열 기구 중 가장 막강합니다. 불꽃반응 실험에서 주인공 못지 않게 중요한 역할을 하는데요. 알코올램프보다 가열 효율이 높아서 불꽃의 색 이 선명하기 때문입니다. 참고로 버너의 불꽃반응에는 보통 백금이(platinum loop)*가 사용되는데 분실하는 경우가 많으므로 색만 관찰하는 경우라면 스테 인리스 철사도 괜찮습니다. 스테인리스라면 긴 철사를 모기향처럼 빙빙 감아 금 속염을 용해한 용액에 담글 수도 있습니다. 그러면 불꽃 발색 부분이 화려하게 커져서 잘 관찰할 수 있답니다.

최근에는 분젠버너 대신 소형 실험용 가스레인지도 자주 사용됩니다. 알코올 램프와 크기가 비슷한 제품도 있고, 휴대용 가스레인지의 부탄가스를 쓸 수 있 어서 여러모로 편리합니다.

* 병원균의 채취, 균의 이식 등에 사용하는 도구

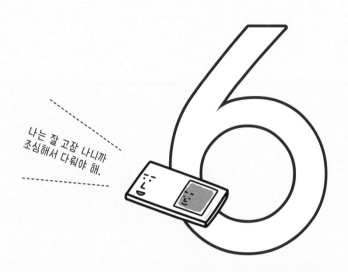

나는 잘 고장 나니까
조심해서 다뤄야 해.

관찰하는 친구들

비커 군의 메모

현미경의 대물렌즈를 교체할 때는 매우 주의해야 합니다. '한손으로 손쉽게'는 어림도 없습니다. 사용 설명서에는 '평소 주로 쓰는 손으로 잡고, 반대쪽 손의 검지와 중지 사이에 껴서 조심스럽게 돌려 끼운다'라고 나오는데요. 지나치다고 생각했는데, 사실 현미경은 책상에 쿵 하고 놓기만 해도 영향을 받을 정도로 예민하다고 합니다. 특히 고배율용 대물렌즈는 비싼 제품의 경우 1~2mm의 작은 렌즈가 마이크로 단위의 정밀도로 평행하게 열몇 장씩 조합되어 제작된다네요. 어마어마하게 정밀한 광학기기죠.

▶대물렌즈는 길수록 고배율이다.

프레파라트 군 (슬라이드글라스 군과 커버글라스 군)

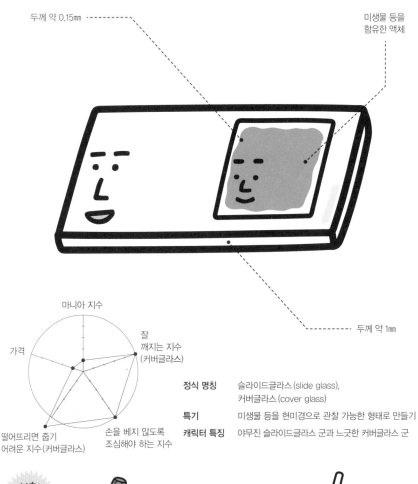

두께 약 0.15mm

미생물 등을
함유한 액체

마니아 지수

잘
깨지는 지수
(커버글라스)

가격

떨어뜨리면 줍기
어려운 지수(커버글라스)

손을 베지 않도록
조심해야 하는 지수

두께 약 1mm

정식 명칭	슬라이드글라스 (slide glass), 커버글라스 (cover glass)
특기	미생물 등을 현미경으로 관찰 가능한 형태로 만들기
캐릭터 특징	야무진 슬라이드글라스 군과 느긋한 커버글라스 군

실험
동료들

현미경 팀

핀셋 군

고마고메 피펫 군

현미경 팀

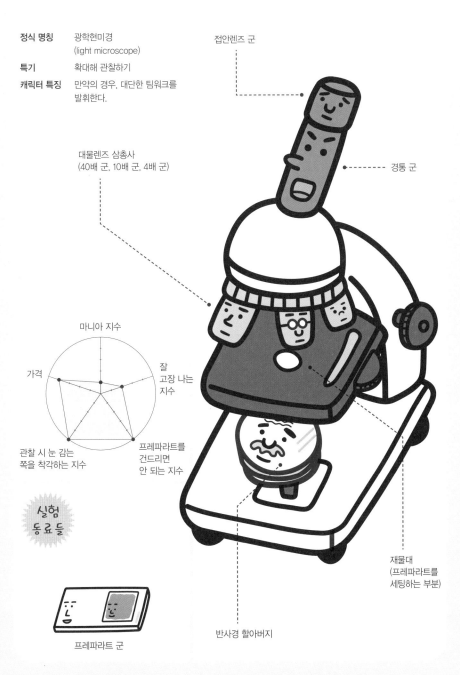

정식 명칭 광학현미경
(light microscope)

특기 확대해 관찰하기

캐릭터 특징 만약의 경우, 대단한 팀워크를
발휘한다.

접안렌즈 군

대물렌즈 삼총사
(40배 군, 10배 군, 4배 군)

경통 군

마니아 지수

가격

잘
고장 나는
지수

관찰 시 눈 감는
쪽을 착각하는 지수

프레파라트를
건드리면
안 되는 지수

실험
동료들

재물대
(프레파라트를
세팅하는 부분)

반사경 할아버지

프레파라트 군

실험실
관찰용 액체도
준비됐어.
……
관찰을
부탁해~
모두 모인 것 같군.
프레파라트 군이
되는 과정
이제 커버
글라스 군
차례야~
고마워!
OK!!
쪽
OK!
그럼
고마고메
피펫 군부터
먼저 부탁해~
휘익
놓치면
어떡해~
탁
아야!!
와
쓰윽
쑥
앗!
……
쓱
핀셋 군 부탁해!
나 좀 운반해줘~
못 집겠어!
뭐야,
빨리 해~
쓱
탁
탁
왜 그래?
탁

비커 군의 메모

▶ 커버글라스 군은 잘 깨지니 조심해야 해!

137

확대경 군

배율 2.5배

볼록렌즈

마니아 지수

가격

잘
깨지는
지수

절대 태양을
보면 안 되는 지수

손에 쥐었을 때
신나는 지수

손잡이

정식 명칭 루페 (loupe),
확대경 (magnifying glass)

특기 작은 물체를 확대해 보기

캐릭터 특징 자기도 모르게 햇빛을 모아 상대에게 화상을 입힐 때가
있다.

실험
동료들

포켓식 확대경 군

접이식 확대경 군

포켓식 확대경 군

정식 명칭	포켓식 확대경 (feeding loupe)
특기	작게 변신해 렌즈를 안전하게 보관하기
캐릭터 특징	외부 활동을 정말 좋아한다. 캠핑과 등산이 취미

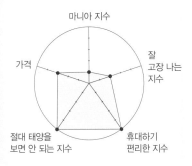

마니아 지수

가격

잘
고장 나는
지수

절대 태양을
보면 안 되는 지수

휴대하기
편리한 지수

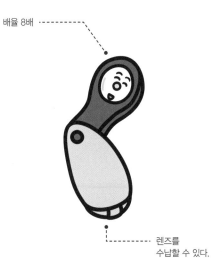

배율 8배

렌즈를
수납할 수 있다.

접이식 확대경 군

정식 명칭	접이식 확대경 (folding loupe)
특기	일정한 거리에서 대상 관찰하기
캐릭터 특징	바깥보다 집에 있는 것을 좋아 한다.

마니아 지수

가격

잘
고장나는
지수

절대 태양을
보면 안 되는 지수

인쇄업에서도
쓰는 지수

배율 6배

접을 수 있다.

과학과 예술 분야에서
활약한 렌즈

현미경은 16세기 후반 네덜란드의 안경 제조업자였던 얀센 부자가 발명했습니다. 당시에는 신기한 물체를 볼 수 있는 장난감으로 유행했는데, 17세기 후반에 상식을 뒤집는 현상들이 현미경으로 발견되기 시작했습니다. 하나는 영국 과학자인 로버트 훅(Robert Hooke)이 코르크를 관찰하면서 생물이 세포로 구성되어 있다는 사실을 발견한 것입니다. 또 하나는 네덜란드의 안토니 판 레이우엔훅(Antonie van Leeuwenhoek)이 미생물과 정자를 발견한 것입니다.

훅이 사용한 현미경은 현대의 현미경으로 이어진 것으로, 대물렌즈가 만들어낸 상을 접안렌즈로 확대하는 형식이었습니다. 반면 레이우엔훅이 사용한 것은 작은 유리구슬 하나를 확대경과 같이 사용하여 관찰하는 '단옥현미경*'이었습니다.

원래 평범한 상인이었던 레이우엔훅은 현미경을 제작하는 기술이 뛰어나 평생 500대에 이르는 현미경을 제작했다고 합니다. 최고 배율은 무려 300배라고 하니 확대경으로는 상상을 초월하는 고성능이었습니다(현대의 고성능 확대경도 기껏해야 30배 정도니까요).

레이우엔훅은 「진주 귀걸이를 한 소녀」로 유명한 화가 요하네스 페르메이르(Johannes Vermeer)와도 교류하며 그의 몇 작품의 실제 모델이 되기도 했습니다. 페르메이르는 렌즈를 이용한 묘화 도구인 카메라 옵스쿠라(camera obscura)**를 사용했다고 합니다.

* 렌즈가 하나인 현미경

** 사물이나 정경을 넓은 종이나 유리 등에 투사하여 대상의 윤곽을 정확히 묘사하는 데 사용하던 기구

CHAPTER

드디어 내가
등장할 차례야.

7

전기와 자기력 친구들

번쩍번쩍

먼저 전기와 관련된 친구들을 소개할게요.

쾅

난 유리라서 끄떡없어

지금까지 많은 실험기구 친구를 소개했는데요.

전기나

자기력과

관련된 친구들도 있습니다.

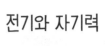

전기와 자기력

건전지의 크기

전압과 전력의 차이로 구별되어 있어~

| D | C | AA | AAA | N |

고용량 ← 전기 용량 → 저용량

먼저 이 친구들부터 소개합니다.

난 디지털 카메라처럼 큰 전력이 필요한 기구에 쓰여.

난 손목시계 등에 쓰여.

망간 건전지 군

버튼 전지 군

난 리모컨처럼 작은 전력으로 움직이는 기구에 쓰여.

알칼리 건전지 군

이 원리를 고체로 압축해 소형화한 것이 건전지군.

자세한 건 전문서적을 참고하길...

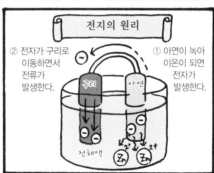

전지의 원리

② 전자가 구리로 이동하면서 전류가 발생한다.

① 아연이 녹아 이온이 되면 전자가 발생한다.

구리

아연

전해액

그런데 전지는 어떤 원리로 작동하는 거야?

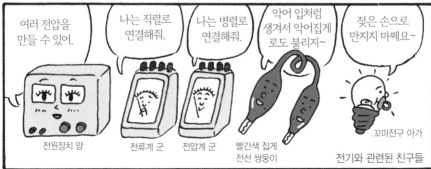

여러 전압을 만들 수 있어.

나는 직렬로 연결해줘.

나는 병렬로 연결해줘.

악어 입처럼 생겨서 악어집게로도 불리지~

젖은 손으로 만지지 마쩨요~

전원장치 양

전류계 군

전압계 군

빨간색 집게 전선 쌍둥이

꼬마전구 아가

전기와 관련된 친구들

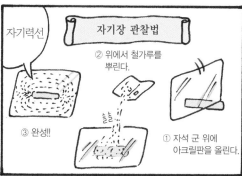

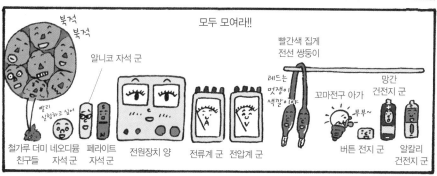

비커 군의 메모

▶ 전자가 이동하면
전류가 발생해.

집게전선의 집게는 울퉁불퉁한 모양이 악어 입 같아서 악어집게라고도 합니다. 실험할 때 용액이 금속 집게에 묻으면 집게를 감싼 비닐이 잘 닦이지 않아 그 부분의 집게가 녹스는 경우가 있습니다. 자주 쓰는 양극과 음극의 빨강과 검정색 전선은 괜찮지만, 가끔 쓰는 초록이나 노란색 전선은 오랜만에 꺼냈다가 완전히 녹슨 모습을 보고 놀랄 때가 많습니다. 금으로 도금한 전선은 잘 녹슬지 않지만 비싸다고 합니다.

전지 군들

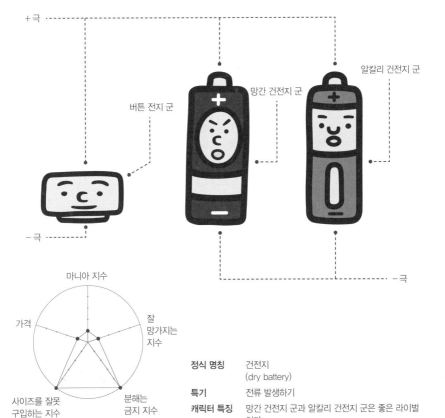

+극

버튼 전지 군

망간 건전지 군

알칼리 건전지 군

＋

＋

−극

−극

마니아 지수

가격

잘
망가지는
지수

사이즈를 잘못
구입하는 지수

분해는
금지 지수

정식 명칭　건전지
　　　　　　（dry battery）

특기　　　전류 발생하기

캐릭터 특징　망간 건전지 군과 알칼리 건전지 군은 좋은 라이벌
　　　　　　이다.

실험
동료들

빨간색 집게전선 쌍둥이

꼬마전구 아가

전류계 군과 전압계 군

전류계 군과 전압계 군

정식 명칭   전류계 (ammeter),
　　　　　　　　전압계 (voltmeter)

특기   전류와 전압의 크기 측정하기

캐릭터 특징   전류계 군은 늘 근심스러운
　　　　　　　　얼굴이고, 전압계 군은 항상
　　　　　　　　웃는 얼굴이다.

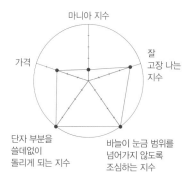

마니아 지수

가격

잘
고장 나는
지수

단자 부분을
쓸데없이
돌리게 되는 지수

바늘이 눈금 범위를
넘어가지 않도록
조심하는 지수

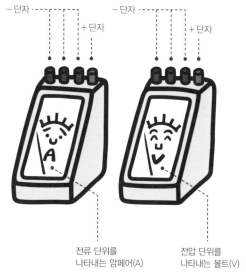

− 단자

＋ 단자

− 단자

＋ 단자

전류 단위를
나타내는 암페어(A)

전압 단위를
나타내는 볼트(V)

전원장치 양

정식 명칭   전원장치
　　　　　　　　(folding loupe)

특기   전류와 전압 조절하기

캐릭터 특징   전류계와 전압계가 누나처럼
　　　　　　　　따르는 존재

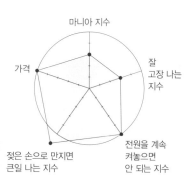

마니아 지수

가격

잘
고장 나는
지수

젖은 손으로 만지면
큰일 나는 지수

전원을 계속
켜놓으면
안 되는 지수

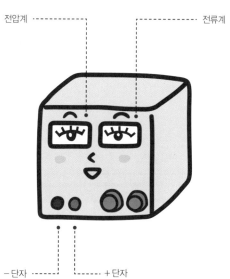

전압계

전류계

− 단자

＋ 단자

꼬마전구 아가

정식 명칭 꼬마전구
(miniature bulb)

특기 빛나기

캐릭터 특징 아직 어려서 'ㅅ' 발음을 'ㅉ'
발음으로 한다.

빛을 낼 때
필라멘트는
약 2500℃

안은 진공 상태

쪽쪽이는 필수품

마니아 지수

잘
깨지는
지수

가격

데굴데굴
구르는 지수

젖은 손으로
만지면 안 되는 지수

빨간색 집게전선 쌍둥이

정식 명칭 집게전선
(basket worm lead)

특기 전기 통하기

캐릭터 특징 어디 가든 항상 사이좋은
쌍둥이

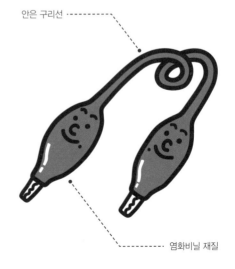

안은 구리선

염화비닐 재질

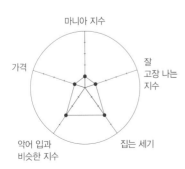

마니아 지수

잘
고장 나는
지수

가격

집는 세기

악어 입과
비슷한 지수

자석 군들

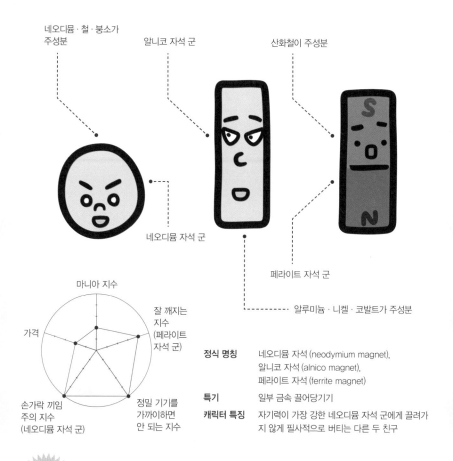

네오디뮴 · 철 · 붕소가
주성분

알니코 자석 군

산화철이 주성분

네오디뮴 자석 군

페라이트 자석 군

알루미늄 · 니켈 · 코발트가 주성분

마니아 지수

잘 깨지는
지수
(페라이트
자석 군)

가격

손가락 끼임
주의 지수
(네오디뮴 자석 군)

정밀 기기를
가까이하면
안 되는 지수

정식 명칭 네오디뮴 자석 (neodymium magnet),
알니코 자석 (alnico magnet),
페라이트 자석 (ferrite magnet)

특기 일부 금속 끌어당기기

캐릭터 특징 자기력이 가장 강한 네오디뮴 자석 군에게 끌려가
지 않게 필사적으로 버티는 다른 두 친구

실험
동료들

철가루 더미 친구들

나침반 아저씨

철가루 더미 친구들

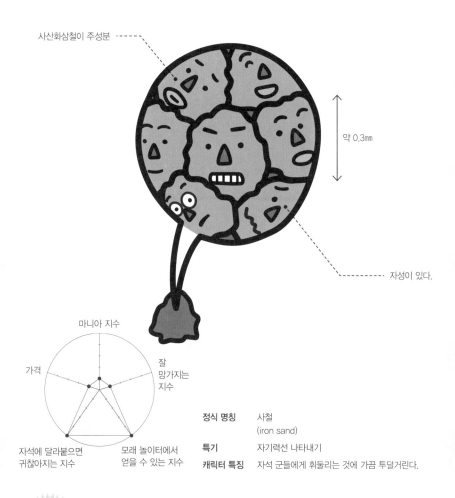

사산화삼철이 주성분

약 0.3mm

자성이 있다.

마니아 지수

가격

잘
망가지는
지수

자석에 달라붙으면
귀찮아지는 지수

모래 놀이터에서
얻을 수 있는 지수

정식 명칭 사철
(iron sand)

특기 자기력선 나타내기

캐릭터 특징 자석 군들에게 휘둘리는 것에 가끔 투덜거린다.

실험
동료들

네오디뮴 자석 군

알니코 자석 군

페라이트 자석 군

세계 최강의 네오디뮴 자석

　자석은 5000년 전 고대 그리스에서 처음 발견되었는데, 이때의 자석은 자기력을 띤 광물인 자철광 덩어리였습니다. 이후 19세기 전반에 전자석이 발명되었고, 이를 이용하여 철강을 자석으로 바꾸는 기술이 탄생했습니다. 초등학교 실험에서 사용하는 막대자석이나 U 자형 자석은 대부분 이 방법으로 만들어요.

　이후 자석 재료(강자성체) 및 더욱 강력한 자석을 둘러싸고 세계적인 개발 경쟁이 시작되었습니다. 그 경쟁에서 우위를 점한 나라가 일본이었지요. 1917년 혼다 고타로(本多光太郎) 연구팀이 KS강을 발명했고, 이후 미시마 도쿠시치(三島德七)가 MK강, 가토 요고로(加藤與五郎)와 다케이 다케시(武井武)가 페라이트 자석, 도호쿠(東北)대학 연구팀이 철-크롬-코발트 자석, 마쓰시타 전기산업(松下電氣産業, 현 파나소닉)이 망간-알루미늄 자석을 개발하는 등 1970년대까지 새로운 자석들이 잇따라 개발되었고, 드디어 1982년 당시 스미토모 특수금속(住友特殊金屬) 소속이었던 사가와 마사토(佐川眞人)가 '네오디뮴 자석'을 개발하는 데 성공했습니다. 네오디뮴 자석은 현존하는 영구자석 중 세계 최강의 자기력을 자랑합니다.

　이름들만 봐도 알 수 있듯 처음에는 철강이었던 자석이 페라이트 자석부터는 완전히 다른 재료로 바뀌었어요. 페라이트는 철 외에 산화철과 바륨, 스트론튬 등의 재료를 함께 구워서 도자기와 비슷합니다. 이후 개발된 강력 자석도 다양한 재료를 구워서 제조되고 있지요. 최근 개발된 제품은 품질이 향상돼 흔하지 않지만, 페라이트 자석이나 네오디뮴 자석은 강한 충격을 받으면 그릇처럼 깨져 버립니다. 당연한 얘기지만 자석이라서 굳이 접착제를 쓰지 않아도 잘 붙어 실험하는 데는 지장이 없답니다.

CHAPTER

숨은 조력자들!

8

실험실의 지원군들

와~ 와~ 와~

파이팅

팅 삼각 플라스크 군   비커 군

지금까지 많은 실험기구 친구들이 등장했어요. 마지막으로 서포터 친구들을 소개할게요.

든든한 지원군들

조금만 높여줘~

알았어!!

끼기긱

높이 조절이라면 내게 맡겨.

랩잭 형

무슨 말씀을.

늘 고마워요.

계산에 꼭 필요한

삑! 삑! 삑!

전자계산기 로봇

가스를 발생하는 실험이여, 다 내게로 오라~

부~웅

크다!!

품 후드 씨

여러 장면에서 활약

양개 클램프 군

실험 스탠드 군

기체 건조는 내게 맡겨.

염화칼슘관 군

분자를 가시화

H-O-H의 각도는 104.5°야!!

H-O-H
104.5°

Cl_2 분자모형 군 H_2O 분자모형 군

나야말로 고맙지.

늘 도와줘서 고마워.

리비히 냉각기 군

비커 군의 메모

▶ 질소가스 군은 비활성 기체야.

플라스크나 냉각관을 고정하는 실험 스탠드는 실험실에서 큰 활약을 해요. 튼튼하면서 무게감과 안정감이 있는 것이 장점인데, 철제 봉이 흔들거려 쓸모가 없어지기도 합니다. 이유는 철제봉을 받침대와 연결하는 나사가 고장 나기 때문인데요. 운반할 때 받침대가 아니라 철제봉을 들다가 망가지는 경우가 대부분입니다. 튼튼하게 제작되긴 하지만 회전 방향으로 무게가 쏠리면 나사가 고장 날 수도 있습니다. 운반할 때는 반드시 받침대를 들어야 해요.

* 주기율표 18족에 속하는 헬륨 · 네온 · 아르곤 · 크립톤 · 제논 · 라돈 6원소를 말하며, 그 밖에 다른 물질과 반응하기 어려운 질소 등을 포함하는 경우도 있다.

질소가스통 군과 질소가스 군

질소가스통의 색은 법률로
회색으로 지정되어 있다.

공기보다
조금 가볍다.

마니아 지수

가격

잘
고장 나는
지수

위험도

비활성도

정식 명칭 질소가스통 (nitrogen gas cylinder),
질소가스 (nitrogen gas)

특기 공간 안의 산소 등을 내쫓아 비활성화 상태로 만들기

캐릭터 특징 질소가스 군의 눈썹은 N자 모양이다.

실험
동료들

액체질소 운반용기 군

액체질소 군

실험 스탠드 군

정식 명칭   실험용 스탠드
(experimental stand)

특기   클램프 고정하기

캐릭터 특징   양개 클램프 군으로부터
절대적인 신임을 얻고 있다.

기다란 철제봉

듬직한 받침대

양개 클램프 군

정식 명칭   양개 클램프
(double swinging clamp)

특기   기구를 여러 높이로 고정하기

캐릭터 특징   냉각기와 플라스크 친구들이
늘 고마워한다.

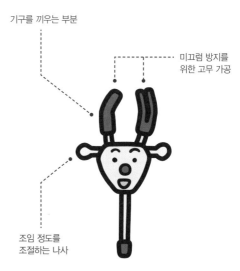

기구를 끼우는 부분

미끄럼 방지를
위한 고무 가공

조임 정도를
조절하는 나사

퓸 후드 씨

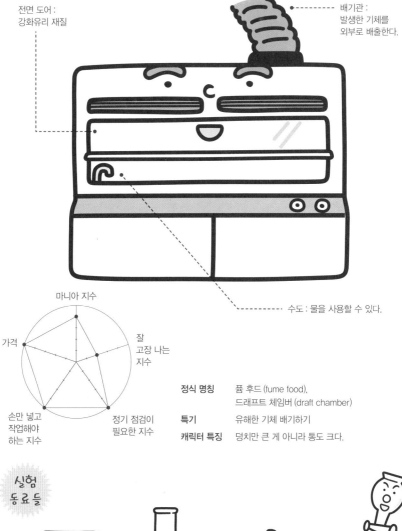

전면 도어 :
강화유리 재질

배기관 :
발생한 기체를
외부로 배출한다.

수도 : 물을 사용할 수 있다.

마니아 지수

가격

잘
고장 나는
지수

손만 넣고
작업해야
하는 지수

정기 점검이
필요한 지수

정식 명칭 퓸 후드 (fume food),
드래프트 체임버 (draft chamber)

특기 유해한 기체 배기하기

캐릭터 특징 덩치만 큰 게 아니라 통도 크다.

실험
동료들

비커 군

삼각 플라스크 군

3구 플라스크 언니

적하깔때기 형

H₂O 분자모형 군

정식 명칭	물 분자모형
	(water molecular model)
특기	물 분자구조를 시각적으로
	표현하기
캐릭터 특징	산소 군은 생각난 것을 바로
	말하는 성격이고, 수소 군 둘은
	얌전하다.

산소의 O

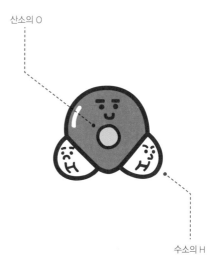

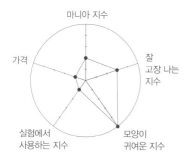

마니아 지수

가격

잘
고장 나는
지수

실험에서
사용하는 지수

모양이
귀여운 지수

수소의 H

Cl₂ 분자모형 군

정식 명칭	염소 분자모형
	(chlorine molecular model)
특기	염소 분자구조를 시각적으로
	나타내기
캐릭터 특징	말수는 적지만 호흡만큼은
	완벽하다.

염소의 Cl

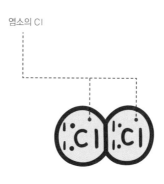

마니아 지수

가격

잘
고장 나는
지수

실험에서
사용하는 지수

조랭이떡을
닮은 지수

진짜 물을 찾아서

물 분자모형 군이 진짜 물을 찾아 떠나는 여행을 시작했다.

비커 군의 메모

▶ 물과 알코올은 겉으로 봐서는 구분하기 어려워.

랩잭 형

정식 명칭	랩잭 (lab jack)
특기	높이 바꾸기
캐릭터 특징	개그를 좋아하고 항상 큰 소리로 웃는다.

스테인리스 재질

마니아 지수
잘 고장 나는 지수
쓸데없이 높낮이를 바꾸고 싶어지는 지수
무거운 걸 올리면 위험한 지수
가격

높이 조절 나사

염화칼슘관 군

정식 명칭	염화칼슘관 (drying tube)
특기	염화칼슘 등의 건조제를 넣어 공기 중의 습기가 들어가는 것 방지하기
캐릭터 특징	항상 얼굴이 거꾸로 되어 있는데 본인은 이게 더 편하다고 한다.

염화칼슘 등의 건조제를 넣는 부분

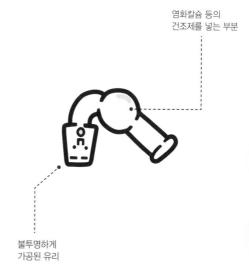

마니아 지수
잘 깨지는 지수
안에서 염화칼슘이 굳어버리는 지수
염화칼슘을 자주 교체해야 하는 지수
가격

불투명하게 가공된 유리

전자계산기 로봇

정식 명칭 전자계산기
(scientific calculator)

특기 삼각함수나 지수, 로그 등 다양
한 계산 해내기

캐릭터 특징 로봇이지만 마음은 상냥하다.

태양전지

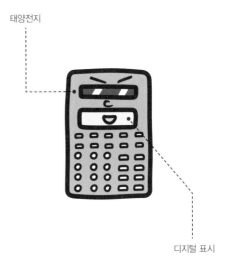

디지털 표시

마니아 지수

가격

잘
고장 나는
지수

기능이 너무
많아 다 이해하기
어려운 지수

이공계 대학생의
필수품 지수

데시케이터 사발 군

정식 명칭 데시케이터
(desiccator)

특기 건조 상태로 보관하기

캐릭터 특징 둔감하기로는 세계 최강

두터운 유리 재질

윤활유(그리스)로
밀착력 향상

건조제가 들어 있다.

마니아 지수

가격

잘
깨지는
지수

건조 보존력

뚜껑이 잘 안
빠지는 지수

비상샤워기 군

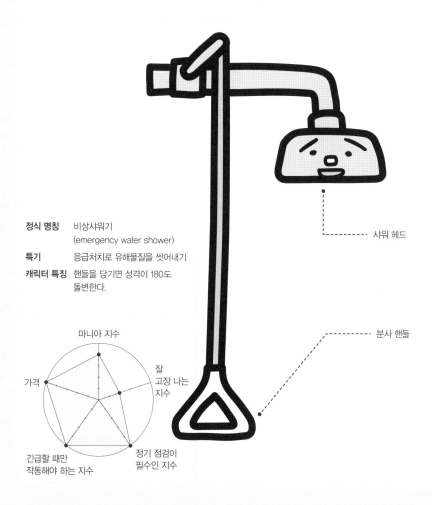

정식 명칭 비상샤워기
(emergency water shower)

특기 응급처치로 유해물질을 씻어내기

캐릭터 특징 핸들을 당기면 성격이 180도
돌변한다.

샤워 헤드

분사 핸들

마니아 지수

가격

잘
고장 나는
지수

긴급할 때만
작동해야 하는 지수

정기 점검이
필수인 지수

실험실에서 가장 큰 도구(라기보다는 설비)는 퓸 후드(통칭 후드)입니다. 아크릴 진열장 같은 상
자로, 윗부분에 강력한 환풍기와 비슷한 배기 팬이 있어요. 유해가스가 발생하거나 휘발성이 강
한 물질을 취급해도 발생한 기체를 밖으로 배출할 수 있다는 것이 장점입니다.
예전에 어느 불친절한 선배가 유독 황화수소 가스가 발생하는 실험을 하고 있던 신참에게 "그
런 실험은 후드 안에서 해야지!"라고 호통을 쳤습니다. 이 말을 들은 그 신참은 실험기구와 약
품을 후드 안으로 옮겼고, 자신도 방독면을 쓰고 후드 안에 들어갔습니다. 원래 후드 안에는 기
구와 손만 넣어야 하는데 말이죠!

가운에 관한
몰랐던 이야기들

실험복의 정석은 역시 흰 가운이죠. 길거나 짧은 것, 단추가 한 줄이거나 두 줄인 것 등 흰 가운에도 여러 종류가 있습니다. 소매 입구가 끈으로 조여지거나 단추로 조여진 스타일 등은 취향에 따라 선택하면 됩니다.

가운의 색상도 매우 다양해요. 화학실험용 가운은 흰색이지만, 수술용 가운은 청록색입니다. 청록색 가운은 시각적 성질을 고려해 만들어졌습니다. 혈액을 계속 보면 붉은색이 눈에 잔상으로 남는데, 이 상태로 흰색을 보면 붉은색의 보색인 청록색이 잔상으로 보여 문제가 되므로 수술용 가운은 청록색으로 만든답니다.

가운에는 크게 두 가지 기능이 있습니다. 하나는 실험에서 사용하는 약품이 옷에 묻어 오염되는 것을 방지하는 것이고, 또 하나는 만에 하나 약품이 튀더라도 가운에 묻었는지를 확실하게 아는 것이에요. 따라서 가운을 착용할 때는 소매를 걷어 올리지 않는 것이 기본입니다. 앞단추는 반드시 채워야 합니다. 흔히 의사들이 흰 가운을 펄럭이며 걷는 게 멋있다고 이야기하는데, 의사들도 약품을 취급할 때는 앞단추를 채웁니다.

참고로 가운은 방한 기능이 떨어집니다. 학교에 따라서는 실험실이 지하에 있기도 한데, 이럴 경우 겨울에는 정말 춥지요. 추위를 도저히 참을 수 없는데 마땅히 걸칠 만한 것이 없으면 실험실에 없는 동료의 가운을 마음대로 몇 겹씩 껴입기도 합니다. 극도로 추울 때는 실험실 동료들의 가운을 모조리 껴입어 멋없는 실험실 패션을 완성한 후 끝이 보이지 않는 실험과 한판 승부를 벌이기도 합니다.

덤이야~

부록

캐릭터 상관도

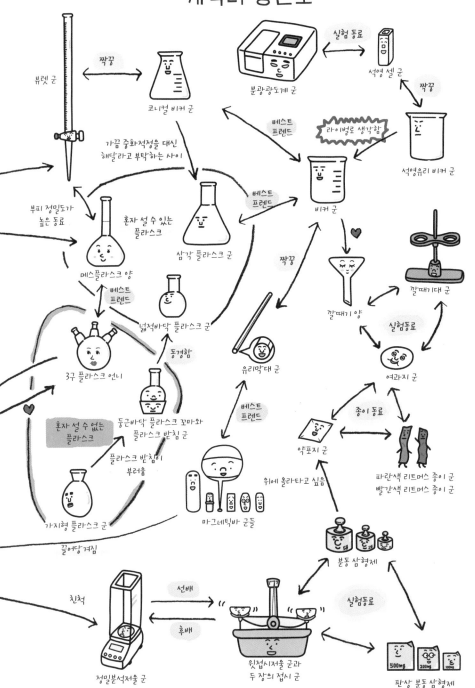

뷰렛 군

짝꿍

코니컬 비커 군

실험동료

석영 셀 군

짝꿍

분광광도계 군

라이벌로 생각함

베스트
프렌드

석영유리 비커 군

가끔 중화적정을 대신
해달라고 부탁하는 사이

베스트
프렌드

비커 군

뷰피 정밀도가
높은 동료

혼자 설 수 있는
플라스크

베스트
프렌드

짝꿍

깔때기대 군

메스플라스크 양

삼각 플라스크 군

깔때기 양

실험동료

베스트
프렌드

넓적바닥 플라스크 군

여과지 군

동경함

유리막대 군

종이동료

3구 플라스크 언니

베스트
프렌드

약포지 군

파란색 리트머스 종이 군
빨간색 리트머스 종이 군

혼자 설 수 없는
플라스크

둥근바닥 플라스크 꼬마와
플라스크 받침 군

위에 올라타고 싶음

플라스크 받침이
부러움

마그네틱바 군들

가지형 플라스크 군

분동 삼형제

끌어당겨짐

친척

선배

실험동료

후배

정밀분석저울 군

윗접시저울 군과
두 장의 접시 군

판상 분동 삼형제

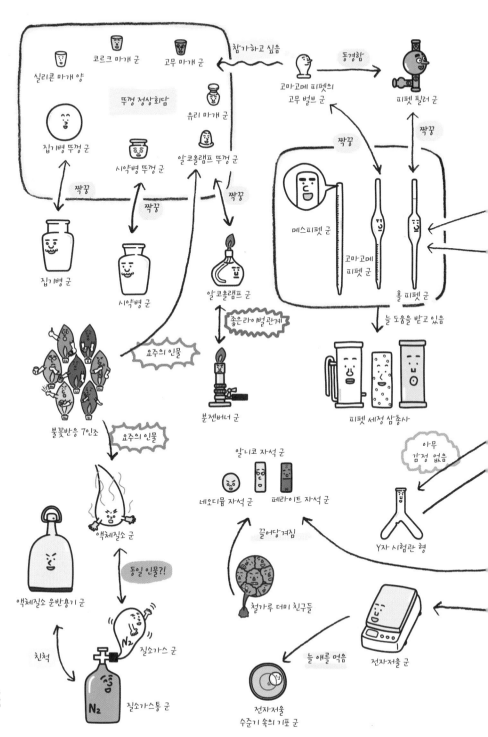

실리콘 마개 양

코르크 마개 군

고무 마개 군

참가하고 싶음

고마고메 피펫의
고무 벌브 군

동경함

피펫 필러 군

뚜껑 정상회담

유리 마개 군

짝꿍

짝꿍

집기병 뚜껑 군

시약병 뚜껑 군

알코올램프 뚜껑 군

짝꿍

짝꿍

메스피펫 군

고마고메
피펫 군

홀 피펫 군

집기병 군

시약병 군

알코올램프 군

분젠버너 군

좋은 라이벌 관계

요주의 인물

불꽃반응 7인조

요주의 인물

알니코 자석 군

피펫 세정 삼총사

늘 도움을 받고 있음

아무
감정 없음

네오디뮴 자석 군

페라이트 자석 군

끌어당겨짐

Y자 시험관 형

액체질소 군

동일 인물?!

철가루 더미 친구들

액체질소 운반용기 군

질소가스 군

친척

N₂

질소가스통 군

전자저울 군

늘 애를 먹음

전자저울
수준기 속의 기포 군

실험기구 올림픽

▶ **마니아 지수** 부문

금 그레이엄 냉각기 군
은 염화칼슘관 군
동 복숭아형 플라스크 군

▶ **가격** 부문

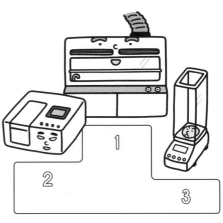

금 퓸 후드 씨
은 분광광도계 군
동 정밀분석저울 군

▶ **키** 부문

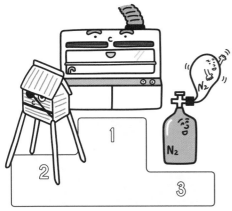

금 퓸 후드 씨
은 백엽상 형님
동 질소가스통 군

▶ **망가지기 쉬운 지수** 부문

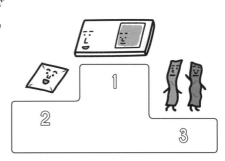

금 커버글라스 군(프레파라트 군)
은 약포지 군
동 파란색 리트머스 종이 군과 빨간색 리트머스 종이 군

▶ 세척 난이도 부문

금　3구 플라스크 언니
은　가지달린 플라스크 군
동　켈달 플라스크 군

▶ 이름이 멋진 지수 부문

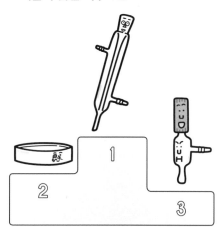

금　리비히 냉각기 군
은　샬레 남작
동　아스피레이터 군

▶ 데굴데굴 구르는 지수 부문

금　유리막대 군
은　막대온도계 군
동　메스피펫 군

▶ 잘 안 빠지는 지수 부문

금　유리 마개 군
은　데시케이터 사발 군의 뚜껑
동　깔때기용 콕 군

용어 해설

● **결정석출실험**

시계접시 양의 활약상을 볼 수 있는 실험. 용액 속에 녹아 있는 성분이 결정으로 추출된다. 소금물을 가열해 수분을 증발시키면 소금이 석출되는 이치와 같다. 단, 실험실에서 얻은 '염(소금)'은 식용으로 적합하지 않다. 일단 맛이 없다.

● **계면활성제**

물 등의 표면장력을 감소시키는 물질로, 물에 친화력이 있는 친수기와 기름에 친화력이 있는 소수기(친유기 포함)로 구성된 물질. 계면활성제는 물과 기름을 융화시키므로 기름때를 지울 때 큰 힘을 발휘한다.

● **람베르트-베르의 법칙**

용액에 빛을 통과시킬 때 빛이 얼마나 흡수되는지를 나타내는 법칙. 이를 응용함으로써 빛을 조사한 결과로부터 용액의 질량 퍼센트 농도나 몰 농도 등을 계산해낼 수 있는 위대한 법칙이다. 분광분석에서 매우 기본적이고 중요한 법칙인데, 최근에는 분석 기기들이 대부분 자동으로 계산하므로 방정식을 잊어버린 지는 이미 오래되었다.

● **배양실험**

샬레 남작 안에 한천배지를 만들어 미생물이나 세포를 배양하는 실험. 오염(contamination, 잡균이나 다른 성분이 혼입되는 것)되면 실패하므로 준비와 관리에 많은 신경을 써야 한다.

● 불꽃반응

여러 금속염을 가열하여 발생하는 빛을 관찰하는 실험. 리튬은 빨간색, 소듐(나트륨)은 노란색 등 원소의 종류에 따라 특정 색(파장)이 나타난다. 불꽃놀이의 폭죽은 이 원리를 이용한 것이다. 참고로 이때 금속 원소는 연소하는 것이 아니라 열을 받고 빛으로 변환되는 것이다.

● 액−액추출실험

분별깔때기 여사의 활약이 돋보이는 실험. 혼합액 속의 특정 성분을 추출해야 할 때 실시한다. 다른 물질과는 섞이지 않고 목표 성분만 용해하는 액체를 넣어 분별깔때기 여사의 콕을 조작해 용액을 분리해낸다.

● 영점 조절

저울을 사용하기 전에 실시한다. 저울의 접시 부분에 아무것도 올려놓지 않은 상태에서 눈금이 '0'이 되도록 조절하는 것을 말한다. 잊기 쉬운 데다 실험이 거의 끝날 때쯤에야 생각난다는 것이 함정으로, 그전의 측정 결과를 모두 물거품으로 만든다.

● 원심분리실험

원심관 군과 원심분리기 군의 실력이 발휘되는 실험. 액체 안에 혼합되어 있는 물질을 고속회전의 원심력으로 추출해내는 실험이다. 용액 속에 직경 0.0074㎜ 이하(실트)의 흙 입자가 섞여 있으면 실험이 훨씬 복잡해지면서 인내심이 필요해진다.

● **정제수**

물에 함유된 불순물과 미네랄 등을 제거하여 정제한 물. 정밀 분석 등에서 필수
적이다. 그런데 깨끗한 물이라고 벌컥벌컥 마셨다가는 배탈이 날 수도 있어 음료
수로는 권장하지 않는다. 한층 더 정제하여 완벽하게 불순물을 제거해 순수한
물의 성분만을 함유한 초순수도 있다.

● **중화적정**

뷰렛 군의 활약이 큰 실험. 농도를 모르는 산성(또는 염기성) 액체에 페놀프탈레
인이나 메틸오렌지와 같은 지시약을 첨가한다. 여기에 특정 농도로 조제한 염기
성(또는 산성) 액체를 조금씩 첨가하여 정확히 중성으로 맞추면서 첨가한 액체
의 양으로 원래의 액체 농도를 계산해낸다. 중성이 되기 바로 직전에는 겨우 한
방울로도 색이 극적으로 변화하므로 초긴장하게 만드는 실험이다. 방심했다가
는 너무 많이 첨가해 실험을 망치기 일쑤다. 참고로 여러 명이 한 방울씩 차례로
떨어뜨리면서 중성에 당첨된 친구가 나머지 친구들의 점심을 사는 '벌칙 룰렛 적
정'도 가끔 하곤 한다. 믿거나 말거나.

● **증류실험**

가지달린 플라스크 군이 등장하는 실험. 물질의 종류에 따라 끓는점인 기화하
는 온도가 다른 점을 이용해 혼합물에서 특정 성분만을 추출하는 실험 과정을
말한다. '가열 → 끓는점 또는 기화 온도가 낮은 성분이 먼저 기화 → 냉각해 액
체'가 되는 과정이다. 참고로 사막에 구멍을 파서 비닐로 물을 모으는 생존 기술
의 원리가 바로 이것이다.

● 켈달법

켈달이 고안한 실험으로, 물질 속의 질소량을 측정하기 위해 실시하는 분석 방법이다. 식품검사의 단골 실험법으로 켈달 플라스크 군은 이를 위해 존재한다 해도 과언이 아니다.

● 합성실험

물질 A와 물질 B를 혼합하여 새로운 물질 C나 D, E 등을 만들어내는 실험. 화학반응의 기본 중 하나로, 세계 곳곳에서 시도 때도 없이 날마다 실시되고 있다. 목표하는 물질 C나 D, E가 금이면 그게 바로 연금술이다.

● 흡인여과

감압 플라스크 군의 힘이 돋보이는 실험. 아스피레이터 군의 도움으로 병 안의 압력을 감소시켜 깔때기의 다리에서 여과액의 액체 성분만을 빨아들인다. 단, 비 내린 직후의 하천 물을 여과하는 실험일 경우 길어지면 한 시료당 3시간씩 걸리는 경우도 있다. 느긋하게 긴 영화 한 편 보기에 딱 좋다.

찾아보기

부흐너 깔때기 할아버지
➡ 93쪽

복숭아형 플라스크 군
➡ 34쪽

법랑 비커 군
➡ 23쪽

백엽상 형님
➡ 81쪽

받침형 연소숟가락 양
➡ 116쪽

불꽃반응 7인조-빨간색
➡ 120쪽

분젠버너 군
➡ 111쪽

분별깔때기 여사와 뚜껑 군
➡ 90쪽

분동 삼형제
➡ 65쪽

분광광도계 군
➡ 82쪽

비커 군
➡ 18쪽

비상샤워기 군
➡ 161쪽

뷰렛 군
➡ 61쪽

불꽃반응 7인조
-진한 빨간색 · 노란색 · 주황색 · 보라색 · 황록색 · 청록색
➡ 121쪽

샬레 남작
➡ 44쪽

3구 플라스크 언니
➡ 36쪽

삼각석쇠 삼동이
➡ 115쪽

삼각 플라스크 군
➡ 30쪽

빨간색 집게전선 쌍둥이
➡ 146쪽

세척병 군
➡ 105쪽

세척 브러시 군들
➡ 104쪽

성냥 군
➡ 112쪽

석영유리 비커 군
➡ 23쪽

석영 셀 군
➡ 82쪽

시계접시 양
➡ 45쪽

연소 전 스틸울 군과
연소 후 스틸울 할아버지
➡ 117쪽

디지털 스톱워치 군과
아날로그 스톱워치 할아버지
➡ 83쪽

스테인리스
비커 군과 뚜껑 군
➡ 22쪽

손잡이 비커 군
➡ 22쪽

시험관집게 군
➡ 41쪽

시험관꽂이 군
➡ 41쪽

시험관 형제
➡ 40쪽

Cl₂ 분자모형 군
➡ 157쪽

시약병 군과 뚜껑 군
➡ 46쪽

알린 냉각기 군
➡ 127쪽

아스피레이터 군과 고무관 군
➡ 95쪽

실험용 가스레인지 군
➡ 114쪽

실험 스탠드 군
➡ 155쪽

실리콘 마개 양
➡ 50쪽

약포지 군
➡ 69쪽

약수저 군
➡ 69쪽

액체질소 운반용기 군
➡ 128쪽

액체질소 군
➡ 128쪽

알코올램프 군과 뚜껑 군
➡ 110쪽

여과지 군
➡ 89쪽

H₂O 분자모형 군
➡ 157쪽

양초꽂이형 연소숟가락 군
➡ 116쪽

양초 군
➡ 112쪽

양개 클램프 군
➡ 155쪽

원심분리기 군
➡ 42쪽

원심관 군과
마이크로튜브 군
➡ 42쪽

용수철저울 옹
➡ 68쪽

Y자 시험관 형
➡ 44쪽

염화칼슘관 군
➡ 159쪽

자기 교반기 군
➡ 100쪽

유발 군과 유봉 군
➡ 101쪽

유리막대 군
➡ 100쪽

유리 마개 군
➡ 50쪽

윗접시저울 군과
두 장의 접시 군
➡ 64쪽

전자계산기 로봇
➡ 160쪽

전원장치 양
➡ 145쪽

전류계 군과 전압계 군
➡ 145쪽

적하깔때기 형
➡ 92쪽

자석 군들
➡ 147쪽

정밀분석저울 군
➡ 66쪽

접이식 확대경 군
➡ 139쪽

전지 군들
➡ 144쪽

전자저울 수준기
속의 기포 군
➡ 67쪽

전자저울 군
➡ 66쪽

켈달 플라스크 군
➡ 37쪽

철가루 더미 친구들
➡ 149쪽

집기병 군과 뚜껑 군
➡ 46쪽

질소가스통 군과
질소가스 군
➡ 154쪽

증발접시 아재
➡ 45쪽

판상 분동 삼형제
➡ 65쪽

파란색 리트머스 종이 군과
빨간색 리트머스 종이 군
➡ 78쪽

톨 비커 군
➡ 19쪽

코르크 마개 군
➡ 51쪽

코니컬 비커 군
➡ 19쪽

피펫 세정 삼형사
➡ 105쪽

pH 시험지 군과
케이스 군
➡ 79쪽

프레파라트 군
➡ 134쪽

품 후드 씨
➡ 156쪽

포켓식 확대경 군
➡ 139쪽

확대경 군
➡ 138쪽

홀 피펫 군
➡ 60쪽

현미경 팀
➡ 135쪽

핀셋 군
➡ 68쪽

피펫 필러 군
➡ 58쪽

비커 군과 실험실 친구들

초판 1쇄 발행 2018년 3월 1일
초판 9쇄 발행 2024년 4월 23일

지은이 우에타니 부부
옮긴이 오승민

발행인 김기중
주간 신선영
편집 민성원, 백수연
마케팅 김신정, 김보미
경영지원 홍운선

펴낸곳 도서출판 더숲
주소 서울시 마포구 동교로 43-1 (04018)
전화 02-3141-8301
팩스 02-3141-8303
이메일 info@theforestbook.co.kr
페이스북 @facebook.com/forestbookwithu
인스타그램 @theforest_book
출판신고 2009년 3월 30일 제 2009-000062호

ISBN 979-11-86900-44-4 (03430)

이 도서의 국립중앙도서관 출판예정도서목록(CIP)은 서지정보유통지원시스템 홈페이지(http://seoji.nl.go.kr)와
국가자료공동목록시스템(http://www.nl.go.kr/kolisnet)에서 이용하실 수 있습니다.
(CIP제어번호: CIP2018004809)